“海洋梦”系列丛书

八仙过海

海上探险与航海

“海洋梦”系列丛书编委会◎编

合肥工業大學出版社
HEFEI UNIVERSITY OF TECHNOLOGY PRESS

图书在版编目（CIP）数据

八仙过海：海上探险与航海/“海洋梦”系列丛书编委会编．—合肥：合肥工业大学出版社，2015.9（2021.6 重印）
ISBN 978-7-5650-2422-1

Ⅰ.①八… Ⅱ.①海… Ⅲ.①航海—普及读物 Ⅳ.①U675-49

中国版本图书馆 CIP 数据核字（2015）第 210120 号

八仙过海：海上探险与航海

“海洋梦”系列丛书编委会 编　　　责任编辑 韩沁钊 孟宪余

出 版	合肥工业大学出版社	版 次	2015 年 9 月第 1 版
地 址	合肥市屯溪路 193 号	印 次	2021 年 6 月第 3 次印刷
邮 编	230009	开 本	710 毫米×1000 毫米 1/16
电 话	总 编 室：0551-62903038	印 张	12.75
	市场营销部：0551-62903198	字 数	200 千字
网 址	www.hfutpress.com.cn	印 刷	安徽芜湖新华印务有限责任公司
E-mail	hfutpress@163.com	发 行	全国新华书店

ISBN 978-7-5650-2422-1　　　定价：35.00 元

目 录

八仙过海——海上探险与航海

第一章 海洋与人类

第二章 中华文明与航海

第三章 船的发展

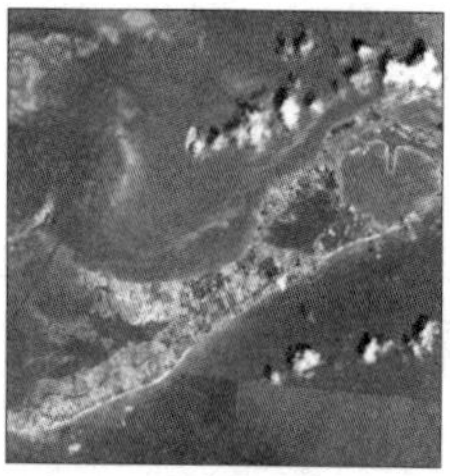

第四章　传奇悲壮的海上探险

第五章　奇趣海洋之谜

第六章　航海趣闻

第一章
海洋与人类

海洋像一条巨龙，它从远古游来，驻足今天，又向未来奔去。科学家们曾作过这样的比喻，如果把地球诞生以来的历史当作一年，那么，人类诞生以来的历史只不过两小时，而人类与海洋发生较密切关系仅仅是短短的一分钟！就在这“一分钟”的时间里，人类对占地球 70%以上水域的认识，已经有了长足进步。

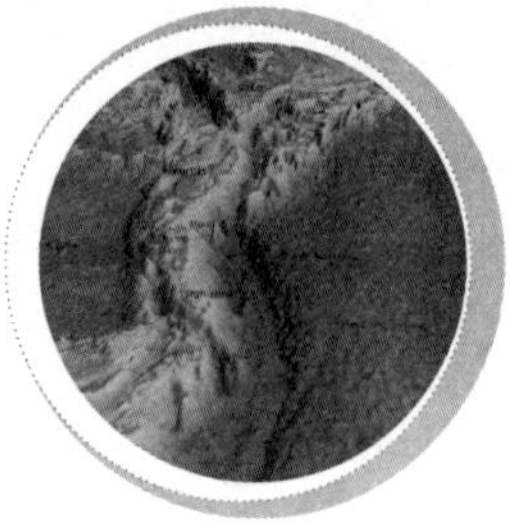

众说纷纭：与海洋的形成

按照由冷到热的学说，地球是宇宙中的一粒灰尘，是一个混沌的物体。它在有序与无序的冲突和不断黏合中自行组织起来。

大约在60多亿年前，我们地球就在太阳系中出现了，它就围绕着太阳转。但是，那时地球可不是现在这个样子，天上没有空气和飞鸟，地上没有野兽、树木和青草，更没有水。那时，地球就像是一团豆腐渣，松松散散，里外如一。

太阳与地球

你知道吗

什么是“太阳系”

太阳系就是我们现在所在的恒星系统。它是以太阳为中心，和所有受到太阳引力约束的天体的集合体：8颗行星、5颗已经辨认出来的矮行星（冥王星、谷神星、阋神星、妊神星和鸟神星）和数以亿计的太阳系小天体。这些小天体包括小行星、柯伊伯带的天体、彗星和星际尘埃。广义上，太阳系的领域包括太阳、4颗像地球的内行星、由许多小岩石组成的小行星带、4颗充满气体的巨大外行星、充满冰冻小岩石、被称为柯伊伯带的第二个小天体区。在柯伊伯带之外还有黄道离散盘面、太阳圈和依然属于假设的奥尔特云。

这个豆腐渣一样的地球，并不真是豆腐渣做的，而是含有铁、矽（石类）和现在我们所知道的全部金属，以及放射性元素，如制造核武器的铀、镭……这些东西开始靠得并不是那么紧密。后来，由于相互吸引、挤压，就慢慢靠紧了，而那些放射性元素也逐渐放出热量，使地球温度升高，这样一来，豆腐渣一样的地球就像蜡一样开始逐渐融化。那些沙子、石子熔化了，那些金、银、铜、铁也开始熔化，熔化的东西就按轻者上浮、重者下沉的原理，开始分层。铁比较重，就沉到地球的球心；轻的那些东西，像岩石，就飘到地球表面；更轻的东西，像氮气、水蒸气，都逃到了空中。经过这种大分化、大改组，才真正形成地球，这大约是45亿年前的事情。

这时地球就像大火球一样，直径有6370千米，地上是炽热一团，天上也是乌烟瘴气。水蒸气结成一块块乌云包着地球，雷声隆隆，电光刺眼，可是，水就是落不下来，一落下来，地面上的高温，就会又把它变成水蒸气冲到空中去。这种情况持续了若干万年，地球慢慢变冷了，地表面不再是红红的火球，而成了一个硬壳，只有里面还是很热的，那些熔化的岩浆还在里面滚动着，有时还要从地壳最薄弱的地方冲出地面，形成一座座火山，火山冷却之后就变成许许多多高山。地球一变冷，空中那么多的水蒸气，也就变成水，落到地面上来，形成倾盆暴雨。天天下，月月下，年年下，那些数不清的雨水从高山上流下来，流到平地上，流到洼地里，地球上就出现无数个大小湖泊。一条条大小河流都将淡水送到这些大小湖泊中来。这些水在向较低洼地方流去的时候，把地面泥土中、岩石中的金属和矿物质都冲下来，有些溶解在水中，带到大大小小的湖泊中去。这些水最初是淡水，由于各种盐溶于水中，流向那原始的湖中去，水的盐分就增加了。同时，这些湖中的水，也不是固定不动的，由于蒸发作用，这些水又变成蒸气，跑到空气中去。这种反复循环经过许多亿年，这些湖水就由淡变咸，成了原始的海洋。

火山喷发

也有人认为，当地球由原先的液态凝固成火山岩及其他的岩石时，其内部陷进了大量的原始水。后来，由于受风、地震和其他一些原因，岩石崩塌破裂，被陷在岩层中的水流出来，一起形成了原始海水。

现在又有人认为海洋是由溶化的彗星形成的。因为科学家发现，由冰构成的彗星具有和地球上的水

美丽的海尔波普彗星

近似的特性。太空使者甚至有可能对地球上生命的进化起过关键作用。

菲茨·西蒙博士说："以海尔波普彗星为例。这颗彗星重约1万亿吨，主要成分是冰。我们相信，地球曾受到过成百上千颗这种彗星的袭击。"

更为重要的是，美国研究人员发现，从海尔波普彗星上探查到的水中，一种称做氘的氢同位素的比例与它在地球海水中的比例相同，这表明两处的水有近似的起源。

美国航天局发射的"月球勘探者"也发现月球上有冰。伦敦自然历史博物馆馆长莫妮卡·格雷迪说："月球上的水毫无疑问是由彗星带去的。有充分的证据表明，木卫二上存在着冰山和海洋。它们也一定源于彗星，彗星上存在着大量的水。"

欧洲红外太空观测站的探测器，观察到任何地方都存在着超乎想象的水。该探测器在木星、天王星、海王星和土星这几颗太阳外围行星的低层大气层中发现了水。

后来，通过地球卫星观测资料表明，太空中每天都有无数个雪球状的物质进入地球大气层，这些雪球状的物质中含有大量的水。因此，一部分科学家认为，地球上海洋中的水不仅来自彗星，也来自遥远的太空。孰是孰非，只有靠进一步研究去证明。

魅力各具的四大洋

世界第一大洋——太平洋

太平洋位于亚洲、大洋洲、南极洲和南、北美洲之间。南北长约1.59万千米，东西最大宽度约1.99万千米，面积17968万平方千米。占世界海洋总面积的49.8%，占地球总面积的35%。太平洋是地球上四大洋中最大、最深和岛屿、珊瑚礁最多的大洋。

太平洋西南以塔斯马尼亚岛东南角至南极大陆的经线与印度洋分界，东南以通过南美洲最南端的合恩角的经线与大西洋分界，北经白令海峡与北冰洋连接，东经巴拿马运河和麦哲伦海峡、德雷克海峡沟通大西洋，西经马六甲海峡和其他海峡通印度洋，总轮廓近似圆形。平均深度为4028米，最深处为马里亚纳海沟，深达11034米，是目前已知世界海洋的最深点。

全球约85%的活火山和约80%的地震集中在太平洋地区。太平洋东岸的美洲科迪勒拉山系和太平洋西缘的花彩状群岛是世界上火山活动最剧烈的地带，活火山多达370多座，有“太平洋火圈”之称，地震频繁。

太平洋有很大一部分处在热带和副热带地区，故热带和副热带气候占优势，它的气候分布、地区差异主要是由于水面洋流及邻近大陆上空的大气环流影响而产生的。气温随纬度增高而递减。

美丽的太平洋海滩

海洋上的丝绸之路——大西洋

大西洋位于欧、非与南、北美洲和南极洲之间。

大西洋的面积为 9336.3 万平方千米，约占海洋面积的 25.4%，约为太平洋面积的一半，为世界第二大洋。

大西洋南接南极洲；北以挪威最北端、冰岛、格陵兰岛南端、戴维斯海峡南边、拉布拉多半岛的伯韦尔港与北冰洋分界；西南以通过南美洲南端合恩角的经线同太平洋分界；东南以通过南非厄加勒斯角的经线同印度洋分界。大西洋的轮廓略呈“S”形。

大西洋平均深度为 3627 米。最深处在波多黎各岛北方的波多黎各海沟中，达 9212 米。

根据大西洋的风向、洋流、气温等情况，通常将北纬 5° 作为南、北大西洋的分界。大西洋在北半球的陆界比在南半球的陆界长得多，而且海岸曲折，有许多属海和海湾。

你知道吗

什么是海盆

海底并不像海面那样善变，一会儿是风平浪静，一会儿是狂浪滔天。海底的变化漫长而深刻。在海洋的底部有许多低平的地带，周围是相对高一些的海底山脉，这种类似陆地上盆地的构造叫作海盆或者洋盆。它是大洋底的主体部分。

大西洋边缘地区的海底地形十分复杂，有大陆架、大陆坡、大陆隆起（海台）、海底峡谷、水下冲积锥和岛弧海沟带。大陆架面积仅次于太平洋的大陆架面积，为 620 万平方千米，约占大西洋总面积的 8.7%。大陆架宽度变化很大。它从几十千米到 1000 千米不等。如几内亚湾沿岸、巴西高原东段、伊比利亚半岛西侧的大陆架，都很狭窄，一般不超过 50 千米；而在不列颠群岛周围，包括整个北海地区，以及南美南部巴塔哥尼亚高原以东的大陆架，宽度常达 1000 千米左右。大西洋的大陆坡，各海域也不相同。沿欧、非洲的陡峻狭窄，沿美洲的较宽较缓。在大西洋海底大陆坡和深海盆之间，分布着一些大陆隆起，较大的有格陵兰 – 冰岛隆起、冰岛 – 法罗隆起、布茵克隆起和马尔维纳斯隆起。在格陵兰岛与拉布拉多半岛之间的中大西洋海底峡谷和密西西比河、亚马孙河、刚果河、莱茵河等河流河口附近，分布着一些半锥状的水下冲积锥，规模一般只有数百平方米。此外，大西洋还有 2

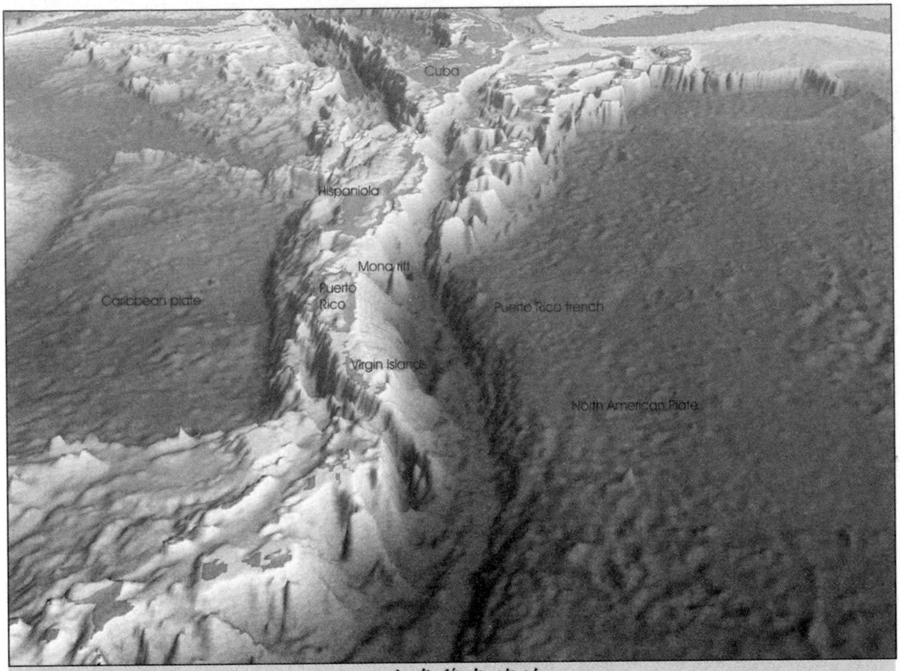

波多黎各海沟

个岛弧海沟带，即大、小安的列斯群岛的双重岛弧海沟带和南美南端与南极半岛之间的岛弧海沟带。其中，大安的列斯岛弧北侧的波多黎各海沟，长达1550千米，宽120千米，深达8648米，是大西洋的最深点。

大西洋的气候，南北差别较大，东西两侧亦有差异。气温年较差不大，赤道地区不到1℃，亚热带纬区为5℃，北纬和南纬60°地区为10℃，仅大洋西北部和极南部超过25℃。大西洋北部盛行东北信风，南部盛行东南信风。温带纬区地处寒暖流交接的过渡地带和西风带，风力最大。在南北纬40°～60°之间多暴风；在北半球的热带纬区5～10月常有飓风。大西洋地区的降水量，高纬区为500～1000毫米，中纬区大部分为1000～1500毫米，亚热带和热带纬区从东往西为100～1000毫米以上，赤道地区超过2000毫米。大西洋水面气温在赤道附近平均为25℃～27℃，在南北纬30°之间东部比西部冷，在北纬30°以北则相反。在大西洋范围内，南、北两半球夏季浮冰可分别达南北纬40°附近。

大西洋的洋流南北各成一个环流系统：北部环流为顺时针方向运行，由北赤道暖流、安的列斯暖流、墨西哥湾暖流、加那利寒流组成，其中墨西哥湾暖流延长为北大西洋暖流，远入北冰洋；南部环流为反时针方向运行，由南赤道暖流、巴西暖流、西风漂流和本格拉寒流组成。在两大环流之间有赤道逆流，赤道逆流由西向东至几内亚湾，称为几内亚暖流。

最温柔的大洋——印度洋

印度洋是世界第三大洋，是地质年代最年轻的大洋。印度洋位于亚洲、南极洲、大洋洲和非洲之间，北部封闭，南部敞开并与太平洋和大西洋相通，西南以通过南非厄加勒斯角的经线同大西洋分界；东南以通过塔斯马尼亚岛东南角至南极大陆的经线为界与太平洋相连；东北部边界北起马六甲海峡北端，沿苏门答腊岛、爪哇岛、努沙登加拉群岛南岸到新几内亚岛（伊里安岛）南岸的布季，越过托雷斯海峡与澳大利亚约克角的连线，以及塔斯马尼亚东南角至南极大陆的经线，与太平洋为界。印度洋的面积约为7617.4万平方千米，平均深度为3711米，最大深度为7450米（位于爪哇海沟）。鉴于南极绕极水域独特的水文特征，许多海洋学家主张把副热带辐合线以南的印度洋水域划为南大洋。

印度洋的属海和海湾主要有红

印度洋上的岛屿

毛里求斯旅游

海、阿拉伯海、安达曼海、萨武海、帝汶海、阿拉弗拉海、亚丁湾、波斯湾、阿曼湾、孟加拉湾、卡奔塔利亚湾、大澳大利亚湾等。

印度洋南部的洋流比较稳定，终年维持一个反时针方向的环流，由南赤道暖流、莫桑比克暖流、厄加勒斯暖流、西风漂流、西澳大利亚寒流组成。印度洋北部洋流受季风影响形成季风暖流，冬夏流向相反：冬季为逆时针方向，夏季为顺时针方向。

印度洋海水上层浮游生物很丰富，共有37种浮游植物，其中硅藻29种，甲藻7种，蓝藻1种，后者是印度洋特有的；浮游动物以桡足类甲壳动物为主，此外，还有介形类甲壳动物、毛颚动物、磷虾类、有壳翼足类、有尾类等；底栖生物，深水区以多毛类环节动物为主，异足类和等足类甲壳动物次之，浅水区，甲壳动物几乎与多毛类环节动物相等。印度洋的热带近海鱼类有3000～4000种，主要经济鱼类有飞鱼、金鲭、金枪鱼、马鲛鱼等，鲸、海豹、企鹅也很多，海生哺乳动物中的儒艮是印度洋特产。近十多年来，对金枪鱼、虾、底层鱼类的捕捞有很大发展，尤其是北部沿岸国家捕虾拖网渔业的发展更为迅速。

印度洋的海底地貌，与其他大洋相比，表现出复杂多样的特点。

在印度洋海底中部，分布着“入”字形的中央梅岭。它是由中印度洋海岭、西印度洋海岭和南极－澳大利亚海丘组成的，三者在罗德里格斯岛交汇。中印度洋海岭是中央梅岭的北部分支，由一系列岭脊组成，一般高出两侧海盆1300～2500米，个别出面海面形成岛屿，如罗德里格斯岛、阿姆斯特丹岛等。中印度洋海岭向西北叫阿拉伯－印度梅岭，再向西延伸进入亚丁湾，与红海和东非裂谷系统相连。西印度洋海岭是中央海岭的西南分支，在阿姆斯特丹附近与中印度洋海岭相连，经爱德华群岛后，称为大西洋－印度洋海丘，与大西洋海岭南端相连。南极－澳大利亚海丘是中央梅岭的东南分支，在阿姆斯特丹岛附近与中印度洋海岭相连。印度洋中央梅岭由一系列平行于中脊轴的岭脊组成，岭脉崎岖错杂，宽度最大的达1500千米，其间还分布着许多横向的断裂带。

你知道吗

印度洋的最深点在哪里

印度洋底有一个岛弧海沟带，它自安达曼群岛以西，到苏门答腊岛、爪哇岛、努沙登加拉群岛以南，是板块运动，即印度－澳大利亚板块向欧亚板块俯冲形成的。其中爪哇海沟长4500千米，深达7729米，是印度洋的最深点。

印度洋是连接非洲、亚洲和大洋洲的重要通道，是世界最早的航海中心，其航道是世界上最早被发现和开发的。印度洋东西分别经马六甲海峡和苏伊士运河通太平洋及大西洋，西南经非洲南端可达大西洋。印度洋航线主要有亚、欧航线和南亚、东南亚、东非、大洋洲之间的航线。印度洋西北通过苏伊士运河进入大西洋、西南经过好望角进入大西洋、东北通过马六甲海峡进入太平洋，这三条航线是世界重要的石油运输线。此外，印度洋海底还四散分布着电缆网，主要分布在北部，重要的线路有亚丁－孟买－马德拉斯－新加坡线、亚丁－科伦坡线、东非沿岸线，塞舌尔群岛的马埃岛、毛里求斯岛和科科斯群岛是主要海底电缆枢纽站。

冰与雪的世界——北冰洋

北冰洋大致以北极为中心，为亚洲、欧洲、北美洲三洲所环抱。面积1310万平方千米，相当于太平洋面积的1/14，约占世界海洋总面积4.1%，是地球上四大洋中最小最浅的洋。平均深度约1200米，南森海盆最深处达5449米，是北冰洋最

北冰洋的冰川

深点。

北冰洋被陆地包围，近于半封闭。通过挪威海、格陵兰海和巴芬湾同大西洋连接，并以狭窄的白令海峡沟通太平洋。

北冰洋地区大陆与岛屿的海岸线曲折，沿亚洲和北美洲海岸都有较宽的大陆架。

北冰洋洋流系统由北大西洋暖流的分支挪威暖流、斯匹次卑尔根暖流、北角暖流和东格陵兰寒流等组成。北冰洋洋流进入大西洋，在地转偏向力的作用下，水流偏向右方，沿格陵兰岛南下的称东格陵兰寒流，沿拉布拉多半岛南下的称拉布拉多寒流。

北冰洋系亚、欧、北美三大洲的顶点，有联系三大洲的最短大弧航线，地理位置很重要。北冰洋沿岸有固定的航空线和航海线，主要有从摩尔曼斯克到符拉迪沃斯托克（海参崴）的北冰洋航海线和从摩尔曼斯克直达斯瓦尔巴群岛、雷克雅未克和伦敦的航线。

息息相关的海洋与气象

通过长期的研究，特别是一些杰出的气象学家、海洋学家已经深切地感到，无论是研究地球上的大气，还是研究地球上的海洋，必须把大气与海洋看作一个统一的系统，海洋是该系统重要的组成部分。由于海水具有很高的热容量，因此世界海洋是大气中水汽和热量的重要源泉，海洋参与整个地球表面物质和能量的平衡过程，成为地球上吸收来自于太阳辐射能量的巨大储存库和全球规模的恒温槽，海洋学家们已测出全球海洋的表层海水的年平均温度要比陆地上的年平均温度高 10℃。通过海水的流动，使海洋中的能量重新分布，致使不同纬度上，特别是赤道地区与两极的气候不致过分悬殊，海洋无疑是控制、调节大气温度与气象变化的最重要因素。还应指出，海洋在吸收太阳辐射的同时，还有蒸发过程和冷凝过程。前者耗散大量大气中的热量，后者又向大气释放大量能量，海水蒸发过程既是物质状态的改变，实际上也是能量状态的转化。海洋受蒸发的结果，导致了大量水汽的产生，通过大范围的大气环流和小范围的局部空气运动，将水汽携带至沿岸、高山和内陆，遇冷而成降水，或雨或雪，从而参与了地球表面的水循环。

从全球的范围看海洋与大气间

海洋气象

漂浮的海冰

的相互作用，它可以影响地球气候几个月甚至几年。但地质学家告诉我们，在地球上生命活动漫长的地质时期中，曾经出现过多次大陆冰川发展和融化的交替，而每次交替都对地球上的气候、大气环流和水文循环带来巨大的、甚至可以说是灾难性的影响，以至于引起地球上生物的大调整，一些生物从此只有在化石中才能见到。鉴于此，要研究地球气候超长期的变异过程，还必须探讨与建立"冰川—海洋—大气"系统，在该系统中，仍然以水为主体。业已表明，以此系统为模型可以揭开地质时期气候演变的过程。

防不胜防海洋中的危险

1. 海冰

含盐量很高的海水，一般气温情况下不易结冰。因为海水的结冰点低于淡水，当冬季气温过低时，海水会排析出盐分而结冰。北冰洋是四季冰封的海洋，太平洋北部的白令海、鄂霍次克海、日本海，大西洋北部的格陵兰海、挪威海、北海和加拿大沿海等海域，冬季都有海冰生成。

我国渤海和黄海北部，每年冬季都有不同程度的结冰现象。辽河、海河、黄河和鸭绿江等出海口附近，是冬季冰情严重的海域。1969年2～3月，渤海发生百年不遇的大冰封灾害，整个渤海被几十厘米至一两米、甚至八九米厚的坚冰封堵了50天之久。进出天津港的123艘客货轮中，7艘被海冰推移搁浅，19艘被海冰夹住不能动，25艘由破冰船破冰后才得以逃脱，5艘万吨级货轮螺旋桨被海冰碰坏，1艘巨轮被海冰挤压破裂进水，引水船螺旋桨也被海冰碰坏，船体变形，航标灯全部被海冰挟走。天津港务局观测平台因被海冰推倒，海洋石油1号钻井平台因支座拉筋被海冰割断而倒塌，2号钻井平台也被海冰推倒。不冻港的塘沽港、秦皇岛港也遭海冰灾害，损失惨重。

冬季渤海常受西伯利亚强寒潮侵袭，气温下降到海水结冰点以下，造成大面积海洋灾害。1936年、1947年、1957年、1969年、1977年和1980年等，都出现过严重的冰封灾害。为减轻海冰灾害，全国海上安全指挥部每年冬季都部署渤海防冻破冰工作，海军破冰船舰随时待命出海破冰，空军飞机随时待命出航巡视观测海上冰情，国家海洋环境监测预报中心加强对海冰的监测预报。随着现代化科学技术的发展和运用，我国海冰监测预报和救援都将达到更高的水平。

2. 海啸

海啸是一种具有强大破坏力的海浪。当地震发生于海底，因震波

海冰的危害

印尼海啸航拍

的动力而引起海水剧烈地起伏，形成强大的波浪，向前推进，将沿海地带一一淹没的灾害，称之为海啸。

海啸是指由海底地震、火山爆发和水下滑坡、塌陷所激发的、波长可达几百千米的海洋巨波。它在滨海区域的表现形式是海水陡涨，骤然形成“水墙”，伴随着隆隆巨响，瞬时侵入滨海陆地，吞没良田和城镇村庄，然后海水又骤然退去，或先退后涨，有时反复多次，造成的生命财产损失。本地海啸在海啸波到达前，还常伴有强烈的地震或震灾发生。我国也是多风暴潮灾害的国家，历代都把风暴潮和地震海啸所表现的潮位异常混称为海啸、海溢或大海潮等。

近20年多年来，我国学术界决定把风暴和地震引起的潮位异常分别称为风暴潮和海啸。另外，有时把天文、风暴和地震原因造成潮位异常所引起的滨海地区受淹导致的灾害统称为“潮灾”。但多数情况下，所谓潮灾就是指风暴潮灾害。大洋中海啸震源附近水面最初的升高幅度只有1~2米，这种洋波移行在深水大洋时，波长可达几十到数百千米，最常见的传播速度可达近几千千米每小时。所以海啸不会在深海大洋造成灾害，甚至难以察觉这种波动。然而当海啸波进入大陆架后，因深度急剧变浅，能量集中，引起振幅增大。若大陆架很窄，从海面到海底流速几乎一样的海啸波携带巨大能量直冲岸边或港湾，波高骤增，这时可能出现波幅为20 ~ 30米的巨浪并造成波峰倒卷。这种巨波冲到哪里，哪里便是一片废墟，也正是这些破坏力，海啸才成为生命的最大威胁和可怕的自然现象。

休戚相关人类与海洋

1. 海洋探险

在人类发展的历史上，对未知世界总是充满激情，一定要以那一时代最高的智慧、最新的技术去进行探索，明知前途有艰险也在所不惜。无数先驱对于谜一样的深海倾注了无限的热情。

海洋，就在我们眼睛底下，但对它的探险认识并不轻松。直到15世纪，人类对海洋的认识依然十分浮浅，没有跨越大洋的能力。海洋，是天然的屏障，各大洲的人民无法交往，到了18世纪中叶，科学家对深海生命的认识还十分幼稚，“550米以下为无生命带”的学说控制了整个学术界，甚至到了20世纪40年代末，才刚刚探寻到世界海洋的最深渊在哪里，而其精确的数据则是10年之后才得出。不过，在后来的岁月里，人们应用了高新技术，同样以巨大的热情投入到海洋探险，特别是深海探险之中，在几十年里，深海探险经历了飞速发展时期。

海底探险的工具

根据海洋探险的足迹，我们可以看出：1957年8月18日前苏联“勇士”号科学考察船发现了世界大洋中最深的马里亚纳海沟；同年美国制定“莫霍钻探计划”，1961年在东太平洋钻抵玄武岩，为深海钻探计划打下了基础。1958年，美国核潜艇“鹦鹉螺”号完成北极区航行，首次潜航通过北极点。1960年1月23日瑞士J. 比卡尔和美国D. 沃尔什乘“的里雅斯特”号潜水器成功地深潜到马里亚纳海沟10919米。1962年，美国“海中人1”号水下实验室首次在地中海进行水下实验，1969年2月后，因事故而中断。同年法国“大陆架开发计划”成功地进行了首次试验，水深为 10.5 米，2 人水下滞留 8 天。并于 1963 年和 1965 年分别进行第二和第三次实验。1968 年美国“格洛玛·挑战者”号钻探船实施“深海钻探计划”，1969 年调查证实大洋的海底在扩张。1975 年该计划进入“大洋钻探国际协作阶段”。1977 年～1979 年美国、法国和墨西哥联合组织对加拉帕戈斯裂谷和东太平洋海隆顶部的载人潜水器考察，发现海底热泉、热泉生物群落和正在形成的海底热液矿床。1985 年，“乔迪斯·决心”号钻探船始航大西洋，揭开了“大洋钻探计划”的序幕。

浅水海底的生物

你知道吗

什么是海底热泉

海底热泉是指海底深处的喷泉，原理和火山喷泉类似，喷出来的热水就像烟囱一样，目前发现的热泉有白烟囱、黑烟囱、黄烟囱。1979 年，美国科学家比肖夫博士首次在太平洋 2500 米接近海底时，看到这一奇异的景象：蒸汽腾腾，烟雾缭绕，烟囱林立。经过仔细观察，他们发现在“烟囱林”中有大量各种生物，他们基本上围绕着烟囱生存。

2. 人类生存与发展的环境

通过深海探险，人们已经越发清楚，自人类诞生以来就不断提出的一个几乎是永恒的问题：人类怎样起源？包括人类在内的一切生命是如何发生与演化的？尽管迄今科学家仍未能令人满意地回答这些问题，但学者有充分的理由提出，欲解此谜，那就必须到深海中去寻求答案。

世界人口正在以超越粮食增长的速度膨胀着，社会学家们已经发出严重警告，地球上的陆地资源已不堪负担，探索食物新源泉必须把目光转向海洋。海洋，是生物资源库。由于海洋占地球表面积的 70%，因而，生物资源丰富，通过海洋中生物的繁殖、生长、演化、自我恢复与调整，虽然不能说海洋生物资源取之不尽，但至少可以说，如果没有人为的破坏，那么海洋生物资源具有较强的再生或补充能力。餐桌上的各种海鲜、鱼虾贝蟹哪一样又不是来自于海洋呢？

人类的生存又岂能离得开海洋？海洋,作为一种海水化学资源，将为人类的生存，社会与经济的发展提供重要保障。联合国的专家已经呼吁，全球性水资源告急，而从海水中进行淡化则可取得淡水，一些国家如科威特、沙特阿拉伯等海湾国家已经这样做了，其实，海水是前景十分诱人的淡水资源。除淡水外，通过海洋将可以提供“工业之母”的食盐；轻金属——镁，它是飞机、舰艇、照明弹、火箭燃料中不可缺少的原料；“海洋元素”——溴，该元素与人民的健康、工农业生产、国防建设紧密联系在一起，哪一方面都离不了它。海洋，作为海底矿产资源的宝库，它提供“工业的血液”——石油、海滨砂矿、深海底矿产（锰结核、含金属沉积物）、大陆架边缘其他矿产（磷钙石、海缘石、基岩矿产等）。海洋，还具有无尽的动力资源（潮汐、波能、海洋温差发电及其他海洋能量利用）。生活在地球上的人们对海洋应该比太空有更多的了解。

海洋中能源采集平台

早期人类的海上生活

世界上一切沿海国家的民族和人民，自古以来就和海洋发生联系，逐步加深着对海洋的认识，不断扩大着对海洋的开发和利用，形成了一部分人类海上活动史。概括起来，这部活动史大体可分为三个时期：局部活动时期，周游世界活动时期，近代科学研究活动时期。

亚洲是人类创造文化的主要地区之一。黄河流域、印度河流域、幼发拉底河和底格里斯河流域都是人类文明的摇篮。这些地区毗邻海洋的人民很早就从事海上活动，驾驶着船舶进行海上贸易和友好往来。

大约在公元前 2000 年，建国于幼发拉底河两岸的巴比伦人就曾组织去波斯湾的海上探险队。他们不仅熟知波斯湾的情况，而且可能与今日的印度地区有着海上联系。

居住在印度河流域的古印度人是比较擅长航海的。他们很早就与美索不达米亚人进行海上贸易，并在公元前几世纪以前就到达了马来半岛、爪哇、苏门答腊及其他小岛。

发源于黄河流域的中华民族，公元前 11 世纪前后，已有了较发达的渔业和盐业，航海业也有了很大发展。当时居住在浙江一带的越人善于造船。他们把造好的船献给周王朝，可能就是由浙江从海路北上到山东，然后向西到达周朝的统治中心的。到公元前 3~ 公元前 1 世纪，随着生产力的发展和中央集权封建帝国的出现，海上交通有了更大的发展。北起渤海，南至两广一带的海上交通线完全开通并联系起来，远洋交通规模亦十分可观，东面到达日本，西边通过南海和印度洋上的国家建立了联系。国家派遣的直属朝廷的译员同应募的船员们，满载黄金和丝织品，入海远航进行贸易，换取了明珠、璧琉璃（一种宝石）、奇石异物而回。

古老的木船模型

尼罗河流域是人类文明的另一摇篮。在公元前 6000 ~ 公元前 5000 年，勤劳的人民已经在尼罗河两岸谷地经营农牧。古埃及人是这样充满深情地对尼罗河颂赞的：

“啊！尼罗河，我称赞你。你从大地涌流而出，养活着埃及……一旦你的水流减少，人们就停止呼吸。”

雄立万世的金字塔，是埃及人民的骄傲，标志着埃及人民的悠久文化。远在公元前2600年前后，国王为了在梅杜姆和达舒尔建立2座宏伟的金字塔，还曾特地建造一支由40艘海船组成的船队，有些船的长度超过52米。船队前往黎巴嫩运来昂贵的杉木。

埃拉脱色尼是希腊著名的天文学家，他测算出地球子午线的圆周长度为4.5万千米，从而知道地球是球形，并且由此得到了有关地球大小的最早的比较清楚的概念。他曾经断言，人们向西航行，越过大西洋，可以到达印度，并指出一直向西航行完成环球航行的可能。他的预言并没有得到当时人的理解。那时，是在公元前3世纪，人们还相信“天圆地方”之说。

可以说，公元前居住在太平洋西岸、印度洋沿岸和地中海沿岸的人民先后进行了频繁的海上活动，开辟了不少航线，并对海洋和气象有了一定的认识。例如，公元前4～5世纪，希腊人瑟凯迪德斯就已经知道利用地中海特有的季风由爱琴海往返于埃及航行；公元初，希腊人希帕恰斯发现利用季风时期稳定的季风可以自亚丁湾直渡阿拉伯海到达印度，在11月返航，到翌年2月回到亚历山大港。由于这一发现，使每年航行于埃及和印度间的船只大大增加，总数可能已超过100艘。随着时间的推移和生产发展的需要，人们的海洋知识不断

曾经的海上要塞——亚历山大港

增加海上活动逐步扩大，航线也有逐步连接在一起的趋势。而在这个过程中，统一成为一个国家的阿拉伯民族，爱琴海区域（包括希腊半岛、爱琴海中各岛屿、克里特岛和小亚细亚半岛的西部海岸地带）的民族，以及强大的中国唐朝都起过积极的促进作用。

你知道吗

什么是季风

由于大陆和海洋在一年之中增热和冷却程度不同，在大陆和海洋之间大范围的、风向随季节有规律改变的风，称为季风。形成季风最根本的原因，是由于地球表面性质不同，热力反映有所差异。季风由海陆分布、大气环流、大地形等因素造成的，以一年为周期的大范围的冬夏季节盛行风向相反的现象。

公元 7 ~ 8 世纪，阿拉伯民族建立了统一的国家，占领了广大的领土，控制了从西欧到东方印度的通商道路。在海上，他们向西穿过直布罗陀海峡，向东完成了通往印度，甚至中国的航行，向南则在莫桑比克的小岛上设立了海外贸易代理站。但是，阿拉伯的海船并不好，不适于远航。当时，阿拉伯人的船只从巴士拉港出发，沿伊朗海岸航行，通常只能抵达霍尔木兹海峡。然后，阿拉伯商人将货物移装在中国船上，沿着亚洲海岸航行，最远到达浙江杭州附近。这时，中国正值强盛的唐朝，建造了举世无双的大海船，进行着频繁的海上贸易。满载着丝织品、瓷器等货物的中国海船从广州出发，经越南、马来半岛、苏门答腊等地至印度、斯里兰卡，再西行至阿拉伯。这样，阿拉伯和中国把地中海（途经苏伊士海峡）、印度洋连接在一起，而印度洋沿岸逐渐成了世界上贸易最繁盛的地方。扬帆若“垂天之云”的船只，往来于印度洋上。中国的瓷器、印度的纺织品、印度和印度尼西亚的串珠都是非洲沿海地区的畅销品。1956 年，摩蒂默 · 惠勒爵士在非洲的坦噶尼喀小作逗留后十分惊奇地说道：“我生平从未像过去两周在这里和基尔瓦岛那样，看到过如此众多的瓷块碎片，可以整铲整铲地铲起来……事实上，我认为，就 10 世纪而论，坦噶尼喀被埋藏的历史是写在中国瓷器上的。”中世纪一位史学家巴尔博萨在谈到亚、非贸易一个重要集散地亚丁时说：“他们以棉花、药品、宝石、小粒珍珠、玛瑙、毛织品、金锭、漆器、麝香、大米等等进行贸易……这个地方的

驰名中外的瓷器

贸易比世界上任何其他地方更兴旺、更富裕”。

第二章
中华文明与航海

中华民族，这个伟大而古老的民族，在上下五千年的深厚文化中，海洋文明是其不可或缺的一部分，勤劳而智慧的中国古人对航海技术知识的探索和掌握达到了世界先进水平，还有一批勇敢的探险家们，他们创造的辉煌航海壮举，留给我们无尽的骄傲和宝贵的经验财富。

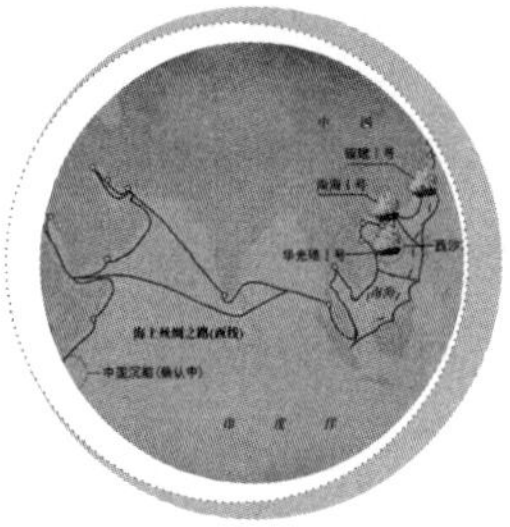

中华民族与海洋文明

我国是世界四大文明古国之一，也是世界上最早开发利用海洋的国家之一，大约自新石器时代始，我们的先民就开始在沿海大规模采拾贝类，后来捕捞业、海洋制盐业和海上交通业逐步出现并得到不断发展。

从航海活动上讲，太平洋文明、印度洋文明都毫不逊色于地中海文明和大西洋文明。

距今一万年，进入冰雪交融的冰后期，人类发展更加迅速，中华民族创造了灿烂的仰韶文化。形成了几个不同的经济区：黄河流域以种粟为主的旱地农业经济区；长江流域是以种稻为主的水地农业经济区；东北到蒙新高原、青藏高原，是以狩猎、采集、放牧为主的游牧区。中国的小麦和大麦是约公元前1300年前后从中东引进的。不过后来的研究表明，早在此以前，中国当地生长的植物已被驯化，并已有了3000年的栽培史。要证明中国是最早的、独立的农业发源地之一，是完全可能的。中国的土生植物如黍、高粱、稻、大豆、大麻和桑树等早在公元前5000年时已作为旱地作物得到种植。这也就说明了最后出现的小麦和大麦为什么在中国也被当作旱地作物进行栽培，而不像在它们的发源地中东，种植在水田里。

养育黄河流域文明的是一片

华夏文明始祖——黄帝

密集的粉沙细土，这种泥土被称为黄土。

黄土是地球上分布较普遍的一种堆积物，均分布在干旱、半干旱的气候带中，即北纬 30° ~ 50° 。广袤无垠的黄土地区，酷似一望无际的黄土海洋。在这浩瀚的黄土海洋中，发育着气势恢宏、千姿百态的黄土地貌。

黄土地区又是中华民族的发祥地。黄土土质疏松细致，含有丰富的营养元素，最适于耕作。由于其天然的肥力和吸水性，黄土不逊于世界上任何种植农作物的土壤。而且，由于华北的降雨量足，黄河流域同美索不达米亚、埃及和印度河流域一样，没有茂密的森林来阻碍原始人的迁徙。我们的祖先很早就在黄土地区定居，从事原始的农牧业，并渐渐繁盛起来。东亚的本土文化有它自己的特点，再与外来文化相结合，构成了伟大、独特的中华文明，这一文明以举世无双的连续性从商朝一直持续到现代。

一万年前第四纪冰期结束后，地球上气温开始回升。距今 8000 年前，中原地区出现了考官台文化和磁山文化，大约持续 1000 年左右，两者融合成仰韶文化。距今五六千年是冰后期气候最适宜的时期，新石器时代正是在这种适宜的自然条件下繁荣起来的。

你知道吗

什么是第四季冰期

又称“第四纪大冰期”。第三纪末气候转冷，第四纪初期，寒冷气候带向中低纬度地带迁移，使高纬度地区和山地广泛发育冰盖或冰川。这一时期大约始于距今 200 万 ~300 万年前，结束于 1 万 ~2 万年前。规模很大。在欧洲冰盖南缘可达北纬 50° 附近；在北美冰盖前缘延伸到北纬 40° 以南；南极洲的冰盖也远比现在大得多。包括赤道附近地区的山岳冰川和山麓冰川，都曾经向下延伸到较低的位置。

第四纪冰川遗址

但是不幸的是，接踵而来的是一次自然灾害集中发生期，在短短 100 ~ 200 年期间，持续严寒，特大地震，百年不遇的洪水、旱灾等接踵而来。这种灾害不限于我国，至少整个北半球都是如此。

4000年前的龙山文化时期，先民们能把陶器做得像蛋壳那样薄，会制作锋利的石器，还会琢磨、雕刻精美的玉器，甚至已经开始炼铜了。但是他们没有力量抵御大自然的肆虐，经过几千年发展成长起来的新石器时代文化遭到了严重打击和摧残。为了寻找更加适宜生存的地方，他们不得不踏上充满危险的迁徙之路。

中原大地是仰韶文化和河南龙山文化先祖世世代代生息的地方。当时这些地区人口最多，密度最大，他们在自然灾害的打击下，已经举步维艰，大量外来移民涌入，不啻是雪上加霜，于是各部族在中原地区展开了生存空间的剧烈冲突。于是，大规模的部族之间战争接二连三地发生了。战争的需要也推动了武器的进步。从这个时期出土的石镞、骨镞数量剧增，磨得尖锐、制作精良的石矛、石刀等专用的武器应时而生。战争的加剧也促使防御工事迅速诞生，龙山时代后期，人们开始在部落周围夯筑城堡。这种规模不大的城堡，在现今河南开封、安阳、淮阳，山东寿光、章丘等地都有发现。

战争与不同文化交融孕育出了

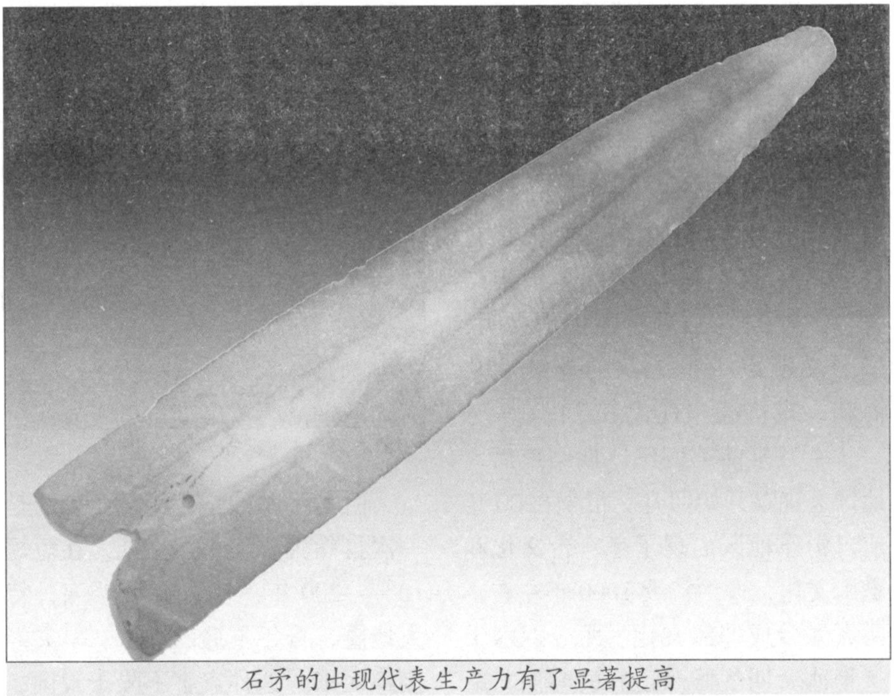

石矛的出现代表生产力有了显著提高

华夏文明，也造就了众多的部族领袖，从炎帝、黄帝、共工、蚩尤，到帝喾、颛顼、尧、舜、禹，这许多传说中的人物，以其显著战绩，铭刻在后人的记忆里。

占星术——早期的天文定位导航

1. 唐代的占星术

唐代的天文航海术，基本上仍处在天文导航阶段。如唐代大诗人王维在《送秘书监还日本国》的诗中说：“向国惟看日，归帆但信风。”这种天文导航术，只能使海船沿岸航行，或做惯常的较短距离的横渡航行，如横渡东海、暹罗湾口、孟加拉湾口，还不能确保海船在大洋腹地作连续几十天的远航。

唐代天文定位术的发展，集中体现在利用仰测两地北极星的高度差来确定南北距离变化的大地测量术上。唐开元年间，著名天文学家僧一行（俗名张遂，673–727），曾率领南宫说等人，对唐朝的疆域进行了一次大规模的大地测量。一行创造了一种简便的仪器“复矩”，来测量北极星距离地平的高度，即所谓以复矩斜视北极出地最后得出的结论是“大率三百五十一里八十步（相当于 129.22 千米），而桶差一度”。这与现代天文大地测量值 111.2 千米虽有一定距离，但已经具有航海的实用性。

唐代航海技术革新达到了相当高的水平。中国舟师以航海技术高超闻名于世。亚洲东南方的信风季风规律已被中国舟师充分利用，人们对航海天文知识也较以往有了更多的了解。唐代沈佺期在《度全海人龙编》诗中说，“北斗崇山挂，南风涨海牵”。这都说明了航行中观察天体，利用信风和季风的情况。

你知道吗

麦哲伦与信风

当航海探险家麦哲伦带领船队第一次越过南半球的西风带向太平洋驶去的时候，发现一个奇怪的现象：在长达几个月的航程中，大海显得非常顺从人意。开始，海面上一直徐徐吹着东南风，把船一直推向西行。后来，东南风渐渐减弱，大海变得非常平静。最后，船队顺利地到达亚洲的菲律宾群岛，这其实也是依赖信风的帮助。

由于唐代航海业发达，对海洋潮汐理论的研究和认识也达到了新的高度。约在唐代宗大历五年（770年）前后，浙江人窦叔蒙著《海涛志》

僧一行是唐代著名天文学家

（又名《海峤志》）六章，这是中国现存的最早的潮汐专著。他经过长期观察发现了潮汐变化与月球运动之间存在一定的关系。

2. 宋代占星术的重大演进

宋代的天文航海技术，在继承了唐代及唐以前历代的天体定向助航技术的基础上，出现了重大的进步，其主要的标志是与远洋横渡航行至关密切的天文定位导航技术开始问世并逐渐得到了广泛的应用。虽然据徐兢在《宣和奉使高丽图经》中所示的“是夜，洋中不可住维，视星斗前迈，若晦暝，则用指南浮针，以揆南北”这一记载可知，在西太平洋近海作较短距离的惯常航行中，天文定向仍是天气良好时的主要导航手段，而指南浮针，则是坏天气时的主要辅助导航手段。但是，随着宋代印度洋远航事业的突飞猛进，这种单纯的天文定向在应付横渡大洋的直航需求上就显得大为不够了。由于长时间远离海岸的大洋航行，不可避免地要受到海风与海流的影响与干扰，这种由自然界因素构成的风压差与流压差长期作用于船体，将使船只在若干时间后的实际船位远远地偏离单纯应用天文定向或航迹推算所确定的推算船位。而这种局面一旦出现，必将带来两个严重后果：或者失去航线，不能达到既定的航行目标；或触礁搁浅，倾覆沉没，发生重大海难事故。因此，为了保证大洋航行的安全与速度，必须有一种能通过天体观测来确定较为准确的船位的技术手段。

以目前的研究结论，我们初步认为，中国古代航海史上的天文定位导航技术始于宋代。虽然该时代已出现了全天候定向导航仪器——水浮针（以及针盘），并开始在磁针定向的基础上进行定量化的航迹推算。但是，对于以开辟横渡印度洋航路为标志的宋代航海活动来说，仅止于此是很不够的。因为船队越

古代观星台

洋横渡的航线基本为东西走向，对于航迹推算船位的最大干扰在于船舶因风、流压差而导致在南北方向上的横向飘移。如果掌握了可以判明南北位移的天文定纬度技术，那么，以磁针定向为基础的航迹推算精度就可以得到关键性的修正，从而使航海定位真正地成为可能。

有迹象表明，宋人在航海活动中已掌握并运用了天文定位导航技术。北宋人朱或在《萍州可谈》中说："舟师识地理，夜则观星，昼则观日，阴晦观指南针。"这里"舟师识地理"就是说"航海者判别航行到了什么地方"。如果真是这样，则宋代航海者已开始将天文定向演进到天文定位技术阶段就不言而喻了。类似的推测在李约瑟关于中国古代天文航海术的研究中也不乏其例。如，他在评论阿拉伯海员擅长天文航海的同时就指出："真实的情况是，唯一的观星鼻祖——更北方的中国人，就已经这样做了，不过他们的记述被包含在表意的语言之中，直到近代才被西方人所了解和重视。""舟师识地理"正是这样的一种"表意的语言"，其深层的涵义应该引起学术界的了解和重视。

另从宋人记载的远洋航路，也可以为当时天文定位导航技术存在的客观可能性提供有力的证据。据周去非在《岭外代答》"大食国条"所述，有"麻里拔国"（今阿拉伯半岛南岸中部的卡马尔湾附近海岸），自兰里（今苏门答腊岛西北端亚齐）发船，"六十日顺风，方到此国"。这里的兰里－麻里拔航线，直航跨距长达2500海里，从航海学角度分析与计算，它只可能是一条横渡北印度洋的直达航线。如果宋代的航海者不掌握天文定位导航术的话，那么，这条横渡远洋航线的开辟是难以实现的；而既然这条远洋横渡航线业已作为史实而载入文献，则承认宋代天文定位导航技术的存在应是一种合理的推论。

再从航海测天仪器来说，宋代也似有这方面的信息。在南宋建炎三年（1129年），监察御史林之平在负责从钱塘江到长江一带海防事务时，曾提到广船与福船之类的海船上有一种叫"望斗"的设施。

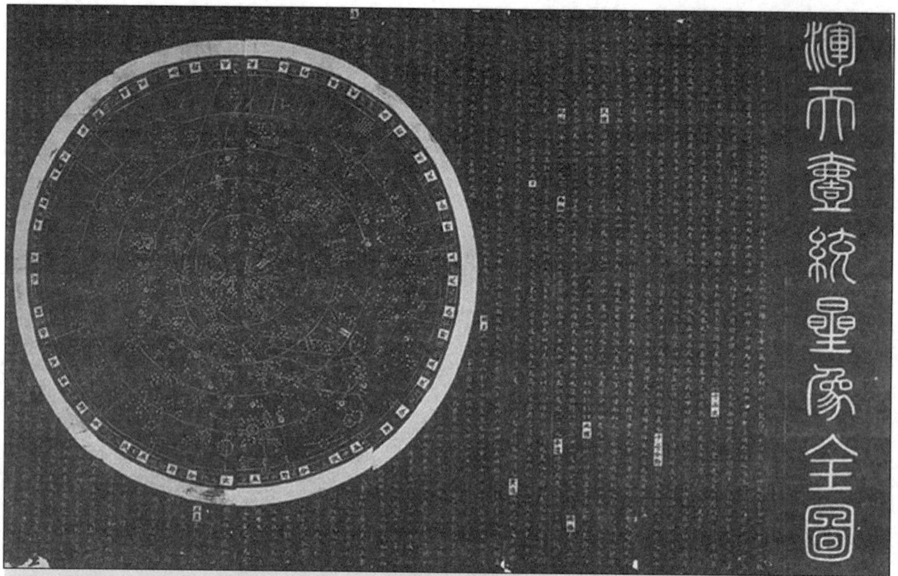

宋代石刻星图

李约瑟研究认为，它很可能就是可以测定大熊星座的位置与高度的“北斗七星观测仪”，其式样可能类似于阿拉伯人所惯用的“hamal”式十字测天仪。但值得推敲的是“望斗”是与“箭隔、铁撞、硬弹、石炮、火炮、火箭及兵器等”被共同提到的，并且是“舡合用”的。因之，“望斗”亦很有可能是与海防战事有直接关系的军事防护或观察设施。此外，“望斗”的构造也不会像一把直尺或十字形尺那样简单轻巧，否则就没必要“舡合用”了。由此看来，“望斗”与观测天体高度仪器之间的关系究竟如何，还值得进一步探讨。

基于上述理由，可以认为天文定位导航技术当始于宋代，并以此为重要标志，中国古代天文航海术完成了从定性阶段向定量阶段的转化，即从辨别船向向确定船位的阶段转化。

上古先民的海上活动

居住在中国东部沿海的先民所创造的龙山和百越两种文化，与中原的仰韶文化，被称为是哺育中华民族文化的三个摇篮。

龙山文化，是 1928 年在山东章丘市龙山镇发现的新石器文化遗存，按考古界惯例定名为龙山文化。待到 1959 年在山东泰安、宁阳两县交界发现了大汶口文化遗存，经测定为6600多年前的遗物，得知龙山文化是由大汶口文化演变而成的，两者是一个体系中的早晚两个阶段，是史前期东部沿海地区自成体系的一种文化。它主要分布在山东省的汶、泗、沂、淄、潍等水的流域和沿海各地。龙山文化的典型器物有半月形偏刃石刀，长方偏刃石锛，矩形石斧和黑色细泥陶器。其中的偏刃石锛和百越文化的有段石锛，同为加工独木舟的专用工具。由此可见，龙山人是长期生息在沿海地区乘舟弄潮的先民。随着他们早期的海上活动，将龙山文化的器物和民俗，从山东半岛漂过黄海和渤海，传播到辽东半岛各地。1958年，我国考古界在大连市的大台山和王庄寨，发现了龙山文化的遗存，两处出土的文物，与在山东半岛西北部沿海所见者基本相同。在大连皮子窝贝丘遗址发现的红褐或青灰陶器，与隔海相对的山东龙口贝丘中的遗存物类似。从考古界发现的龙山文化分布状况来看，证明是龙山人通过海上活动，将这些文物传播到辽东的。后来，又在黄海大长山岛的马石贝丘中，发现了辽宁新乐文化的篦纹陶器，而且是叠压在龙山文化遗物之下，经测定为6600年前的遗物，从而证实在6000多年以前，辽东沿海的先民也带着自己的文化，在海上漂航，与早期龙山人交会于中途海岛之上。在渤海及黄海北部沿岸和岛屿上，遗留下先民逐岛漂航前进的足迹。

贝壳钱币是人类探索海洋的有力证据

百越文化，是泛指上古时期我国东南沿海及岭南地区越族各系先民所创造的文化。百越人主要分布在今江苏、浙江、福建、台湾、广东各省，自古以来便“水行而山处，以舟为车，以楫为马，往若飘风，去则难从”，是一个濒海而居，且长于在海上活动的民族。他们创造的百越文化的特型器物是印纹陶器和有段石锛。随着百越人的海上活动，把这些器物首先传播到沿海各地。

百越文化的典型遗址在浙江余姚的河姆渡，此地保留着7000余年以前的百越文物遗存，若将这些文物与其他地区所发现的同类遗址相比较的话，可以看到百越文化有渡海向南北传播的现象。1975年在舟

舟山岛古文化遗址

山群岛的十字路、塘家墩、孙家山等地，发现了河姆渡第二层类型的文化遗存，距今约有5500多年，是至今在舟山群岛发现的最早的人类聚居遗址。舟山群岛与河姆渡相距虽不远，其间的传播却晚于发源地1500年，显示着百越人在这一带海上活动的路线和时间。同时，闽越先民也经过长期漂航到达了台湾。

大陆人去台湾的活动可以分作前后两期。前期约在第三四纪之间，当时的台湾、琉球还与大陆相连，大陆上的古人、古生物便从陆桥徒步移徙到台湾。在台湾发现的最古老的人类化石，是“左镇人”的顶骨化石，属于北京人的一支，与山顶洞人相近。他们使用的石器，与大陆南部的旧石器基本相同。后期则在新石器时期，此时陆桥已经沉没，台湾与大陆隔海相望，百越人经过在海上的漂航活动，陆续移徙到台湾岛，同时把百越文化的印纹陶器和有段石锛传播过去。近代在台湾相继发现了大量的百越文化遗存，说明台湾人与越人有密切的血缘关系．属于百越的一个支系，像扬越、骆越、闽越、于越一样，自有其名，叫作外越。

随着龙山人和百越人的海上活动，不仅把龙山和百越两种文化传播到南北沿海各地，同时也流传到遥远的海外。

近代，在朝鲜南部的全罗道、庆尚道各地，均发现了龙山石棚墓葬的遗存。在朝鲜、日本、太平洋东岸和北美阿拉斯加等地，还发现了龙山文化中的有孔石斧，有孔石刀和黑质陶器。标志着龙山人在远方海上活动的行踪。

近代，在遥远的大洋洲的一些岛屿上，均发现了百越文化的有段石锛。这些地方与中国之间都远隔着重洋，除由海上传递以外别无他途。说明远在五六千年以前，越人已有远涉大洋的能力。

你知道吗

什么是石锛

磨制石器的一种。长方形，单面刃，有的石锛上端有“段”(即磨去一块)，称“有段石锛”。装上木柄可用作砍伐、刨土。是新石器时代和青铜器时代主要的生产工具。

有段石锛，最早是在太平洋中的一些岛屿上发现的，当时还弄不清这种特型文物的发源地。后来于1929～1936年间，在我国东南沿海的杭州良渚，广东海丰和香港的南丫岛，都相继发现了有段石锛。新中国成立后，我国考古学界在东南沿海各地又有大量的发现，根据成器的时间早晚和器型的演变，可以看出有段石锛的发展历程。

有段石锛，是一种体型比较复杂的石器，不像打制的旧石器那样容易制造，所以不可能在世界各地同步发生，一般是起源于一地，而后随着制造人的移徙传播至其所到之处。从发展的顺序来看，在中国发现的多是初级和中级的器物，高级者比较少。而在菲律宾和玻利尼西亚各岛所发现者，多为高级型的，制作时间比中国所见者晚。考古界据此断定有段石锛起源于中国的东南沿海，后经百越人漂航传到太平洋各岛。德国的考古学、民族学家海尼·格尔顿据此指出，大洋洲的文化是来源于中国的。他还认为当地人是在新石器时期，从中国东南沿海使用澳亚语系语言的民族中漂洋过海迁去的。海尼·格尔顿的这种论述，被以后考古发现和语言学的研究所证实。从人类学的角度来看，加里曼丹的尼亚洞穴古人，澳大利亚的维兰德拉湖古人，是广西柳江古人东渡的后裔。广东佛山河宕人的遗骨，其头骨特征与美拉尼西亚人相近。浙江河姆渡和福建昙石山的新石器时期古人的遗骨，与澳大利亚尼格罗人极为近似。在波利尼西亚的关岛和夏威夷岛上发现的古人遗骨，与山东大汶口6000年前古人的遗骨对照，颅骨枕部畸形有相同的特征，其身长与大汶口人平均身高1.72米也相一致。并在头骨上明显地保留着大汶口人拔牙风俗的痕迹。另外，美国人约翰·亨德森，在其所著的《太平洋地区手册》上，指明大洋洲的澳大尼西亚语，与菲律宾、中国台湾地区的澳亚语系的关系十分密切，都是继承着5000年前中国东南部沿海地区的语言内容。他从语言学的角度，证实了太平洋诸岛的古文化与中国的源流关系，在时间上，又与河姆渡文化、大汶口文化存在的时代吻合。若把以上各家的考证论述与太平洋诸岛有段石锛的出土遗存结合起来看，可以说，凡是出土了有段石锛的岛屿，便是百越人海上活动的所到之地。百越人从中国的东南沿海，逐岛漂航，一直到达了拉丁美洲西岸。

浮标与岸标

在船舶通行的地区，修建或设置某种标志，以引导和辅助船舶安全航行，这就是航标。以设置的地点来分，有岸标和浮标两大类。岸标设立在岸上靠近水道的高处，或用来标示港口所在地，或引导船只进入港口、船闸和通过狭窄水域，所以又叫导标。浮标则设在水面上，以此来标明正确航道，或者指示浅滩、暗礁所在位置。若以使用方法来分，则可分为灯标和视觉标。灯标上安装可发光的设施，白天黑夜均可导航。视觉标上无发光装置，靠船工们肉眼观望，故黑夜间不发生作用。

宋代以前就有航标的设置了，如唐玄宗开元八年（720 年），就曾在泉州南面安海港至围头的沿海一线，分别建造了卧牛、倒狮、龙吟、虎啸、凤鸣、马嘶、象立等七座石塔，作为船只入港的标志。

宋元时期，先出现的航标都是利用高大建筑物作导航之用。现存者有以下几处：

杭州六和塔。在城南钱塘江畔的月轮山上。北宋开宝二年（970 年），吴越王钱俶为镇压江潮修建此塔。塔身 9 层，高 50 余丈。塔上装灯，夜晚则点之，来往于钱塘江

杭州六和塔

福州马尾罗星塔

及京杭运河的船只赖以导行。北宋末年，六和塔被火烧毁。南宋高宗绍兴二十一年（1153年），在旧址重建六和塔，改9层为7层，改木结构为砖结构；并依旧在塔上点灯导航。以后各代虽多次修缮六和塔，但主体结构仍为宋代原物。

杭州闸口白塔。在杭州城南钱塘江边白塔山上。山下有一个小镇叫闸口，地处杭州龙山河（现称中河）与钱塘江的交汇处。龙山河贯通杭州南北，与城内诸河沟通，上接隋唐大运河，下接钱塘江。运河来船经龙山河可达钱塘江，钱塘江之船亦可经由龙山河进入大运河。北宋曾在龙山河与钱塘江交汇处建船闸，后来船闸虽毁，但名称传了下来，以致现在的地名叫闸口。白塔山紧临闸口镇，山上建塔，塔身全部以白石砌成，高约10米，非常醒目。它是龙山河与钱塘江交汇处的标志，以此来引导船只转航。

福州马尾罗星塔。在福州东南闽江与乌龙江汇合处的罗星山上，山下即著名的马尾港。塔高31.5米，7层，用石砌成。宋人柳七娘出资修建。柳七娘是广东人，其夫柳明被人陷害，充军到福州海上做苦工。某日天晚，柳明乘船夜行，不辨航路，在马尾触礁，不幸落水溺死。

七娘变卖家产，在罗星山上造塔，为亡夫求来生之福。此塔成为马尾港的标志，也成为引导船只归港的航标。现在有的人甚至把马尾港称为罗星港。

泉州晋江关锁塔。在福建泉州地区石狮市东南濒临大海的宝盖山上。石塔，建于南宋绍兴年间（1131 ~ 1161 年）。《闽史》一书记载：传说在宝盖山下住着兄嫂、小姑三口之家。亦农亦渔，勉强度日。某年，闽南大旱，农业歉收，鱼也打不上来。万般无奈，哥哥随海商出外谋生，约定三年后归来。三年过去了，哥哥杳无音信。小姑与嫂子日日站在宝盖山顶向大海远望。为了看得更远些，就在山顶上垒石增高，站在石上眺望。一天天过去了，石头越垒越高，而哥哥仍无踪迹。姑嫂二人久盼亲人不至，忧心如焚，心力交瘁，竟双双忧愁而死。同乡人满怀同情，就在宝盖山顶以她们所堆的石头为基础修建宝塔，并称之为姑嫂塔。关锁塔（姑嫂塔）高 21.65 米，雄踞山顶，俯视大海，从很远处就可看见。它“出于云表，商船以为抵岸之标”（《读史方舆纪要》）。

福建泉州晋江六胜塔。在晋江市石湖乡临海的金钗山上，又称石湖塔。北宋末年曾在此建塔，后来倒塌。元顺帝至元二年（1336 年）至五年（1339 年），当地大商人凌恢甫为便于自己的海船认准方向、

泉州晋江六胜塔

出入港湾，又在原址重建石塔。塔高31米。此塔控金钗山，扼泉州湾。当地曾是泉州港所属小港之一，中外商船多有停泊。石塔建成后就成为港口的标志。

你知道吗

金钗山的由来

金钗山又名石湖山。分东西两山，向北延伸约数百丈，状如金钗的两股，故名。石湖塔建在两股分叉处。山虽不高但形奇，加上塔高而势壮。金钗左股有一峰，峰旁有一圆石，名镜石；右股即西小岩，名狮子岩，古时岩前有石雕刻泗洲像，又名泗洲岩。

温州净光塔。元代所建，因高大壮观而被称为“雄镇一方”。夜间在塔上点火，“塔灯荧煌”，是船只入港的航标。

测日观月的民间航海术

在运用罗经，并结合了地理、水文、气象、天象等手段的导航术中，历史最悠久、道理最基本、方法最简便的就是天文导航。我们说天文导航历史最悠久，因为天文学是一门最古老的科学。地球自转反映出的日月星辰的周日运动，地球公转造成的星空背景逐日逐月变化，地球绕日和月亮绕地的运行显现出的太阳和月亮逐日在星空的向东移动，这些天象早为劳动人民熟知而广为用以确定方向、时间、季节。我们又说天文导航的道理最基本，就是由于上述诸天象，再加上太阳出没方位的周年变化以及地理纬度不同反映出的星辰地平高度变化和恒显不落星辰，恒隐不升星斗差异等等构成一切导航术的基础。除此之外，它的方法最简便，只要有晴日晴夜，甚至不用什么器械和设备也能行之有效。

民间的昔日舟师和今日船工是怎样“夜则观星，昼则观日”呢？

1. 传统的测日

航海天文出海的渔人舟子都熟知太阳在一年中逐月的出没方位。观察太阳的出没，就近似的测定了航向。广东省海南岛琼海市渔民郁玉青、航手何良义都能随口背诵：“太阳夏天出在甲，没在辛。冬天出在乙，没在庚。春秋出在卯，没在酉。”福建省惠安县海员詹伙木、厦门市导航詹细富均珍藏有祖传的针路簿，其中刊载的《定太阳出入》是：“正月九月出乙入庚。二月八月出鬼入圭邻。三月七月出甲入辛。四月出辰入申。五月出巽去子。六月出艮扫乾。十月十一月十二月出寅入戌。壬寅日不宜行船。”它和《顺风相送》与《指南正法》所辑的《定太阳出没歌》颇为相似，都是便于记忆的口诀。

集美航海学校在20世纪50年代搜集的《宁波温州平阳石塘流水表》，也是民间流传的一种针路簿，其中的《定日月入宫位长短法》与《顺风相送》的《定日月出位宫昼夜长短局》和《指南正法》的《定逐月日出入宫位》几乎完全相同。

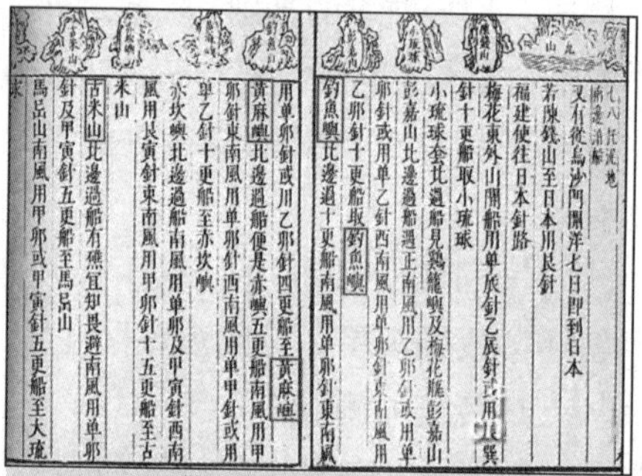
又有從烏沙門開洋七日即到日本
若陳錢山至日本用艮針
福建使往日本針路
梅花東外山開船用单辰針乙辰針或用辰巽
針十更船取小琉球
小琉球套北過船見雞籠嶼及梅花瓶彭嘉山
彭嘉山北邊過船遇正南風用乙卯針或用单
卯針或用单乙針西南風用单卯針東南風用
乙卯針十更船取釣魚嶼
釣魚嶼北邊過十更船南風用单卯針東南風
用单卯針或用乙卯針四更船至黄麻嶼
黄麻嶼北邊過船便是赤嶼五更船南風用甲
卯針東南風用单卯針西南風用单甲針或用
单乙針十更船至赤坎嶼
赤坎嶼北邊過船南風用单卯及甲寅針西南
風用艮寅針東南風用甲卯針十五更船至古
米山
古米山北邊過船有礁宜知忌避南風用单卯
針及甲寅針五更船至馬岛山
馬岛山南風用甲卯或甲寅針五更船至大琉
球

《顺风相送》书图

2. 民间的观月

航海天文昔日渔民都掌握望月（农历十五）前后的月亮出没方位，并编成歌诀，便于记忆。上面提到的《宁波温州平阳石塘流水表》载的《定日月入宫位长短法》就是。此种民间流传的针路簿很多，沿海诸省均有。

月亮并非每夜均能得见，而可见期也不是都能观察到出和没，所以观月以定方位有一定的局限性。不过，月相的逐日变化却是海上借以定日期的良好标记。例如，舟山民间的谚语说：“初三初四峨眉月，初七初八半夜月，十五十六两头红，十七八爬沙上，十八九坐等守，二十当当月出一更，二十七十二鸡啼涨，二十九三十等月亮。”

3. 行星的应用

行星的视运动有其独特的规律，一般而言，不易掌握，难以利用以测定方法。查《顺风相送》和《指南正法》以及我们所见到的民间收藏的针路簿，都不记载行星的观察。然而，社会调查表明渔民是熟习金星，并用以海上定向的。金星是全天除日月外，最亮的一个天体，极易辨认。金星和太阳的角距离不超过48°，所以在日落后或日出前三小时以内，观察金星随日而落或偕日而升，能粗略地测定太阳的方位。尤其是春分和秋分前后，当黄道相交于正东和正西时，观察金星的出

启明星（金星）作为海上天文作用很大

没，也能定航向。海南岛渔民称金星为光星。舟山舟子则分别将启明和长庚叫五更晓和黄昏晓。

你知道吗

什么是行星

行星通常指自身不发光，环绕着恒星的天体。其公转方向常与所绕恒星的自转方向相同。一般来说行星需具有一定质量，行星的质量要足够的大且近似于圆球状，自身不能像恒星那样发生核聚变反应。

4. 恒星的观察

恒星的周日运动和周年运动，使得星空成为海上的天然罗盘、时钟和日历。自古以来，舟师就知道，随着航船往南，北极星的高度越降越低，南天恒星越升越高，北天恒星圈越来越小，南天常现星斗则越来越多。所以，利用北极星的高度或南天某个易于辨认的亮星对，例如南门双星，或亮星群，例如南十字的高度，决定船只的地理纬度，成为千百年来沿用至今的简便而可靠的常识。舟山舟师说得好："知南斗北斗，天下可走。"

为了精确估量星辰的海平高度，民间至今还保留着几种类似牵星术的传统方法。例如，海南岛文昌市南岛大队的海员，以"掌"表示星辰的高度。观星时，伸直右臂，手指指向左侧，姆指向下与海面相接，小指朝向上，当恰见被测恒星时，称为一"掌"，约合20厘米。该县的保线大队的船工，则用尺来计量，测时以手竖直持尺，尺的下端与海面相切，同时估计被测恒星的寸数。看来，这些民间沿用的量星法与昔日广为流传的牵星术，有密切的渊源。

你知道吗

什么是恒星

恒星是由炽热气体组成的，是能自己发光的球状或类球状天体。由于恒星离我们太远，不借助于特殊工具和方法，很难发现它们在天上的位置变化，因此古代人把它们认为是固定不动的星体。我们所处的太阳系的主星太阳就是一颗恒星。

对于在近海渔场作业的渔民，因为有地理和水文等的可靠导航保证，天文观察只是作为一个配合手段。例如，青岛渔民出海，北极星是他们用以定航向的唯一导航星辰。然而，远洋航行的船舶，则需要依赖更多的星斗。千百年来，他们所选用的星辰虽然在沿海诸省不完全相同，但大体上都是认定了那些特征性强，易于辨认的亮星、亮星对或亮星群。熟悉它们在不同季节的出没情况，掌握它们在黎明前或黄昏后的天空位置。这样，不仅能在茫茫大海中确定地理纬度、月份日期，还能望星斗而估量时间。为了把星斗的出没和高度弄得准确些，昔日舟师往往把导航星群选定为占天空面积不大，又排列得比较紧凑的那些，例如，昴星团七星（金牛座）、毕星团七星（金牛座）、贯索九星（北冕座）、参宿三星（猎户座）、心宿三星（天蝎座）、南门双星（半人马座）、南十字四星。福建渔民黎明前观察昴星团的天空位置以确定时间季节、民谚曰："六平，七斜，八倚，九倾，十落"。这是说，农历四月廿五日日出前，昴星团首次出现在东方天际，六月黎明前，升于东天海面，七月升到最大地平高度的一半，八月南中，达最大高度，九月落到西南方，降至最大高度之半，十月下落到西天海面，到十月廿五日不复现。对与昴星团的赤经相差约四十分钟的毕星团也有类似的谚语："六平，七斜，八侧，九拖，十落"。海南岛渔民在我国辽阔的南海水域乘风破浪之际，传统地通过观察南十字四星和南门双星的出没方位和海面高度来判定船舶的地理纬度。

牵星术与航海

我国是天文学发展最早的国家之一。早在六七千年前的新石器时代，就已经有了东、西、南、北四个方位的观念，并且逐步形成了确定方位的方法。以后，人们又发现北极星恒定在北方的方位，而北斗星一直在北极星的附近，指示着北极星的方位，夜间可以用它来判知东、西、南、北。早期的航海者就是利用这些知识来指引航向的，这也可以说是航海天文学的开端。

在古代，天文导航又叫过洋牵星，它包括观测方向和方位两个部分。我国最迟在公元前2世纪的西汉初期就已经利用天文知识来导航了。当时的著作《淮南子》一书里说："如果乘船的人分辨不清方向，只要观测北斗星和北极星就可以明

北斗七星

白了。”东晋访问印度和斯里兰卡的高僧法显在5世纪初乘船回国，他在《历游天竺记传》中记述这段历程的时候也说：“大海之中弥漫没有边际，无法分辨东西，只有依靠日、月和星辰来指示航向。如果在阴雨天气，看不到日、月和星辰，就可能被风吹离航线，迷失方向……只有等到天晴以后才能重新辨认方向，有希望恢复正确的航向前进。”这表明天文导航是当时的唯一方法。天文导航的方法在指南针用在航海上以后，仍旧没有被遗弃，而是继续得到充实和发展，跟指南针配合使用，相得益彰，把导航技术推向一个新的阶段。

我国有重视观测星辰的优良传统。历史上对星辰的观测，不但在陆上进行，而且很早就在海上进行。在《汉书·艺文志》中，已经列有《海中星占验》《海中五星经杂事》《海中五星顺逆》《海中二十八宿国分》《海中二十八宿臣分》《海中日月彗虹杂占》等书目，表明当时在海中观测星象的工作已经受到相当重视。北齐的民间天文学家张子信，在一个海岛上对日月五星进行了30多年的观测。这一在海中观测星辰的传统，为我国古代航海天文学的发展奠定了坚实的基础。同时，我国历史上的测量数学非常发达，西晋的著名数学家刘徽就著有一部《海岛算经》（又称《重差》）的数学著作，内容是测量目的物的高和远的计算方法，其中包括测量太阳的高和远的方法。唐朝的著名天文学家一行组织人力对地球子午线进行了世界上第一次的测量和计算。元朝的著名天文学家和数学家郭守敬又进行了大规模的大地测量。

郭守敬是元代著名科学家

随着航海事业的发展，人们终于把天文学和计算数学应用在航海上，形成了称作“牵星术”的天文航海技术，用来测定船舶在海中的方位。也就是以“牵星高低为准”，通过所测量的星斗高低位置，来计算船舶跟陆地距离的远近，再从观测日月的出没，或者指南针的指向作用而得知方向，就可以确定船舶在海中的位置了。就像巩珍在《西洋番国志·自序》里所说的："在大海中航行，只见浩渺无际，水天相连，什么也看不到，只有观察日月升降来辨别东西，观测星斗高低来度量远近。同时，在刻着方向位置的木制地盘上放着水浮指南针，用来指引航向。"

大约在元明时期，我国开始利用牵星术来观测船舶所在地的地理纬度。牵星术是利用一种叫牵星板的简便工具来进行的。据明朝李诩的《戒庵老人漫笔》记载，牵星板用乌木制成，一副是12块正方形木板，从小到大，最小的每边大约2厘米，每块大约递增2厘米，最大的每边大约22厘米。它的单位叫作指，分别是一指、二指一直到十二指，一指相当于现在的一度半左右。另外又有用象牙制成的一个小方块，大约6厘米长，四角刻有缺口。缺口四边的长度分别是半角、一角、二角、三角，一角是四分之一指。使用的时候左手拿着牵星板一端的中心，手臂伸直，让木板的下边缘保持水平线，上边缘对准所观测的星辰，这样就可以测出船舶所在地所看到的星辰距离水平线的高度。高度不同可以用12块牵星板或象牙板替换调整。在测得星辰高度以后，就可以计算出船舶所在地的地理纬度。

过洋牵星板

元代以测量天体高度来判认船位变化的记载就十分明确了。据马可·波罗乘坐中国海船的远航纪实文字可知，中国航海者已非常注意观测北极星的高度变化。在马可·波罗游记一书中，共有四处关于星体出地（或出水）高度的记载，其中三处有具体数值："科马利（今科摩林岬）是印度之一国，在爪哇看不见的北斗星，在距这里三十迈尔的海上，可见其出地平一古密"；"这里（指马里八儿，今印度西南马拉巴海岸）北极星最高时达水面之上二古密"；"这里（指胡荼辣，今印度卡提阿瓦半岛）北极星上升到六古密高"；"这里（坎巴夷替，今印度坎巴）北极星更明，盖因更向西之故"。鉴于《马可·波罗游记》在西方影响很大，故各种版本、译本众多，译法亦各有千秋，甚至有显著差异。这种情况在国内现存的译本中也反映了出来。

马可·波罗于1292年从福建泉州港起航，利用护送蒙古公主阔阔真去波斯的机会踏上了返回家乡的归途。元代的泉州港是国内最大的国际贸易港口，远洋船舶精良，航海技术人才汇集，马可·波罗一行之所以千里迢迢选择此地登船是很有道理的。《马可·波罗游记》中有关北极星高度的记载，很可能也正是当时福建泉州一带海员在远洋中观测天体高度所留下的记载。这一点，我们可以从前已提及的宋代泉州海员所拥有的量天尺中得到印证。

从文献角度看，元代确也出现了使用量天尺的明确记载，明嘉靖本《太仓县志》卷4中说："鲛印兼斤传海上，海人一尺立阶前，娄江码头天下少，春水如天即放船。""海人一尺立阶前"，意谓航海者手持一把尺站在船头。航海者站在船头是为了掌握行船航向，他手中的尺子便是量天尺。

中国航海人的保护神——妈祖

在中国，妈祖是影响广泛而深远的海神之一。中国沿海各省市以及东南亚很多国家和地区，凡是有海运的地方大多会有妈祖庙。人们在起航前大都先拜祭妈祖，祈求保佑顺风和安全。作为人们心中的"海上女神"，妈祖是人们安定幸福的心理保障，她慈眉善目、气定神闲的形象世代流传。

根据《闽书》记载，妈祖确有其人。她姓林名默，福建省莆田市湄洲岛人，生于宋建隆元年（公元960年），从小天资聪颖。她一方面精通医学，为百姓治病；一方面占卜天气，事先告诉渔夫客商能否出海。林默还有极好的水性，常常救助海上的渔民于危险之中。相传，在林默16岁那年，她的父亲和兄长出海捕捞，在家中帮母亲织布的她，忽然感觉异常困乏，就睡在了织机上。梦中，她看到了波涛滚滚的海浪将父、兄驾驶的船打翻，父、兄落水。林默立即跳入海中，将父亲拉起。而此时，在家的母亲见到睡梦中的林默不安，就将其叫醒。醒后的林默一惊，手中的梭子就掉在了地上，她悲痛地看着母亲说阿爸得救了、阿兄去世了。母亲起初不信，但后来看到只身一人返航的丈夫才号啕大哭。林默"游魂救父"的事迹传开之后，乡亲们都惊异于林默的法力。不幸的是，林默28岁那年冒着风险去海上救人时，溺水而亡。因为善良的林默生前常常帮助人们，死后又屡屡显灵救助遇难的渔民，人们为了纪念她，就尊称其为妈祖。善良的林默虽离开了人世，但以她为原型的妈祖形象却永远留在人们心中。渔民们寄希望于妈祖，纷纷建立了妈祖庙，祈祷妈祖保佑自己和亲人出海顺利。

湄洲妈祖像

宋天圣年间，一位商人在林默的家乡建庙供奉天后娘娘，这座名叫“顺济”的小庙，是最早专门供奉天后娘娘的庙。人们把林默称为“湄州神女”或“宁海镇神女”。从此，供奉天后娘娘的习惯就在福建沿海一带的渔民中间流传开来。

到了南宋时期，海事活动更加频繁，每次重大海事活动，都是对主事者加封加爵，同时也要对航海保护神颂扬一番。在清康熙十五年（1681 年），林默娘升到女神的至尊至圣的位置——天后，供奉她的庙宇也由神女庙、天妃庙改为天后宫。一个民间崇拜的小神，从此成为国家祭奠的国神。天妃的法力也向所有领域扩展，据说她不但能保佑航海人的平安，还能免灾除难，普度众生，连对国家的兴衰都有一定的“功效”。

从此以后，渔民们尊称林默娘为“妈祖”，对妈祖的崇拜也在我国航海业中广为流传。

中国最早航海壮举——徐福东渡

徐福两次出海

关于徐福东渡的次数问题一直以来就有较大的争议，根据《史记·秦始皇本纪》记载，徐福出海有两次：公元前 219 年和公元前 210 年。

公元前 219 年，秦始皇到东方沿海各郡巡视。大队人马在泰山封禅刻石，又抵达海边，只见云海之间，山川人物时隐时现，蔚为壮观，令秦始皇心驰神往。这种景象，本来是海市蜃楼，但方士为迎合秦始皇企望长生的心理，将其说成传说中的海上仙境。徐福乘机给秦始皇上书，说海中有蓬莱、方丈、瀛洲三座山，有仙人居住，可以得到长生仙草，于是要求出海为秦始皇寻找三神山和长生不老之药。秦始皇大为高兴，“于是遣徐市发童男童女千人，入海求仙人”。

据史料推断，徐福此次是从琅琊港一带出航，很快到达了朝鲜半岛西海岸,并沿着半岛西海岸南下，进行了详细的勘查。但是遗憾的是，徐福在这里并没有找到长生不老的仙药，于是又沿原路返回了琅琊。

现代景点——琅琊台

你知道吗

历史上的琅琊港

琅琊港是我国春秋战国时期著名的碣石（今河北秦皇岛）、转附（今山东烟台）、琅琊（今山东胶南）、会稽（今浙江绍兴）、句章（今浙江宁波）五大港口之一，并以琅琊港的名声最为显赫。唐代，琅琊港为南方通往北方的主要港口，胶南市张家楼镇东安子村曾出土两件唐中期长沙窑烧制的瓷器。

徐福知道此次无功而返必难逃一死，于是他主动拜见了秦始皇，并巧妙地回答了出海求仙的事情。徐福自称见到海神，海神以礼物太薄，拒绝给予仙药。对此，秦始皇深信不疑，增派童男童女及工匠、技师，带上谷物种子，令徐福于公元前 210 年再度出海。

一般认为，徐福此次出海是从登州湾出发，率领船队浩浩荡荡地扬帆东行，渡过长山列岛、庙岛群岛，沿辽东半岛东南向东抵鸭绿江入海口，再经朝鲜半岛西海岸南下，发现并进驻了济州岛。后在济州岛周围探查时又发现在济州岛的东方有一个大岛（九州岛），徐福的船队东行 300 多千米到达了日本的九州岛。最终“得平原广泽，止王不来”，开始了在海外的创业。

不解的谜团

徐福东渡日本的海上探险活动，给世人留下了一个个不解的谜团。后人只能从相关的史料记载中了解一二。五代后周时期济州开元寺的义楚和尚著有《义楚六贴》，该书说："日本国亦名倭国，在东海中。秦时，徐福将五百童男、五百童女止于此国，今人物一如长安。……又东北千余里,有山名富士，徐福至此，亦名蓬莱，至今子孙皆曰秦氏。"这一消息来源于义楚和尚的日本朋友弘顺和尚，可见"徐福东渡日本说"早在日本本土流传。

徐福像

到了宋代，欧阳修在《日本刀歌》中写道："传闻其国居大岛，土壤沃饶风俗好。其先徐福祚秦民，采药淹留多童老。百工五种与之居，至今器玩皆精巧。"此后，中国、日本、韩国许多著作，纷纷载入徐福到达日本的故事。日本徐福会理事长饭野孝宥先生还根据徐福在日本的第七代嫡孙秦福寿遗书，在《弥生的日轮》一书中，列举了徐福带领的528个童男女和百工的名字。

许多学者还从中国与日本的民俗风情、语言、文字、航海技术、医药、宗教、族谱、文化交流以及日本出土的秦代大量文物、徐福遗迹等，论证了徐福到达日本的真实性。学者们认定，日本从结绳记事的石器时代，突然飞跃到能播种稻谷、能养蚕、能织布、能冶炼钢铁的弥生时代，是徐福带去了先进文明的结果。

徐福热

徐福东渡不仅是中国航海史上的壮举,也是世界航海史上的壮举。徐福在公元前3世纪东渡时所使用的航船的吨位、航海的技术水平、船队的规模之大等诸多方面都处于当时世界的最前列。而西方的哥伦布、麦哲伦等人要比徐福晚了1000多年。

徐福东渡的成功是中外文化交流史上的里程碑，是有文献记载的

日本徐福像

中国文化的第一次跨海传播。徐福将先进的中国文化带到了日本列岛和朝鲜半岛，极大地促进了日本和韩国的社会发展。直到今天，日本和韩国还有不少姓氏家族，自称是“渡来人”或“秦人”的子孙，有的被认为是徐福所率领的童男童女的后代。

现在，“徐福热”正在世界兴起，徐福开发了日本的观点，已为越来越多的研究学者所认同。徐福东渡这一航海壮举也成为一段佳话被世人广为传颂。

长生仙草

后世关于长生的仙草有许多说法，皆已无从考证，一说是灵芝，能愈万症，其功能应验，灵通神效，又被称为“不死药”。

另一个有趣的传说是日本祝岛的“不死之药”，该药在日本古籍中名叫“千岁”，大小如核桃，汁浓、味甘，据说食后可保千年不死，闻一闻也可以增寿三年。经过当代学者探访、采集和鉴定，认为是一种野生猕猴桃。

还有一个是八丈岛咸草的传说。在八丈岛上有一种伞形科多年生的草，名曰咸草。叶子有光泽，茎和叶可以食用。咸草生命力很强，叶子摘掉后马上会生出新叶，因而又名曰“明日叶”。咸草味美且营养丰富，据八丈岛人说，“徐福来寻找的其实就是咸草”。

海上丝绸之路

汉武帝极力开辟海上交通，致力于海上各国往来。在汉武帝的努力下，汉朝终于先后开辟三条重要的海上航线。

（1）北起辽宁丹东，南至广西白仑河口南北沿海航线。

（2）从山东沿岸经黄海通向朝鲜、日本。

（3）海上丝绸之路：徐闻、合浦航线。

汉武帝时曾于建元三年（公元前138年）、元狩四年(公元前119年）两次派张骞（？—公元前114年）出使西域。开辟了中西交通贸易通道——陆上“丝绸之路”。

我国自古以丝绸闻名于世，古

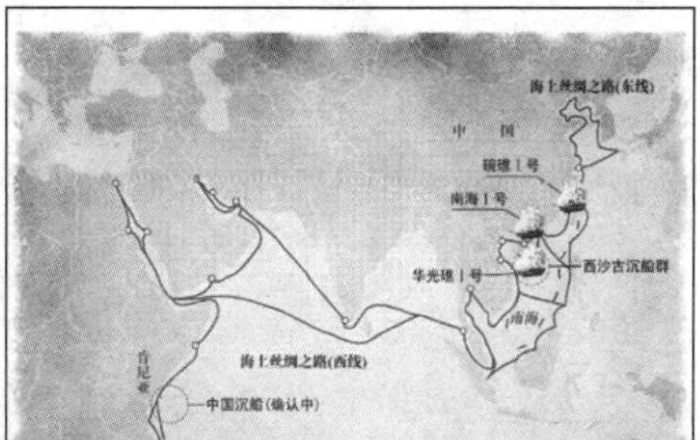

海上丝绸之路

希腊人把丝叫做 ser，就是从“丝”字读音而来的，“Seres”（制丝的人）以后被引申为产丝的地方——中国。古希腊人曾把中国称为赛里斯。丝绸之路开辟后，中国丝绸远销至大秦（即罗马帝国），但要经过亚洲西部古国安县（今伊朗高原和西河流域）商人转销。罗马人希望找到海上通道至中国。汉武帝时，大秦国曾入贡。

据古代罗马学识渊博的科学家普林尼（公元 23—公元 79）所著《自然史》说，罗马恺撒时代今斯里兰卡岛的拉切斯等四人从海道出使罗马，据拉切斯对罗马人说，他父亲曾亲自到过中国。还说中国和罗马都与斯里兰卡有直接往来。普林尼还介绍说罗马贵族“投江海不测之深，以捞珍珠”。罗马贵族除把珠宝留给自己享用外，还以它们“远赴赛里斯（中国）以换取衣料（丝绸）”。

至东汉桓帝延熹九年（公元 166 年）“大秦王丹敦遣使自日南徼外，献象牙、犀角、玳瑁，始乃一通焉”。《后汉书·西域传》这是中国同欧洲国家直接友好往来的最早记录。这种友好往来，突破了斯里兰卡的中转，是接通了海上远

瓷器——海上丝绸之路的主要商品

洋东西航线直接进行的。

你知道吗

什么是玳瑁

玳瑁，脊椎动物，爬行纲，海龟科。一般长约0.6米，大者可达1.6米。头顶有两对前额鳞，上颌钩曲。背面的角质板覆瓦状排列，表面光滑，具褐色和淡黄色相间的花纹。四肢呈鳍足状。尾短小，通常不露出甲外。性强暴，以鱼、软体动物、海藻为食。产于黄海、南海、东海及热带、亚热带沿海。卵可食，角质板可制眼镜框或装饰品，甲片可入药。为国家二级保护动物。

汉代造船航海业的发展也说明了航海知识的丰富。在指南针尚未能应用于航海的汉代，舟师只能凭经验观察星象特别是利用北斗星与北极星来定出航向方位。“夫乘舟而惑者，不知东西，见斗极则寤矣”（《淮南子·齐俗》）。在气象变化上，汉代已知观测风向，做出判断，已知利用季风航海。风的顺逆至关重要。顺水行船，再加顺风，航行快速安全，如是逆水行船，再加逆风，航行缓慢又容易发生危险。舟师都非常重视这种随季节而变向、定期而至的季风。

法显——西天取经第一人

人们一定会问：郑和七下西洋时，东南亚各国不是都已经有中国人和中国文化存在吗？这些又是谁渡海送过去的呢？的确，郑和七下西洋之前中国已有不少航海家，法显就是其中较著名的一位。

法显，东晋僧人，旅行家、翻译家，中国僧人赴印度留学的先行者。俗姓龚，今山西襄垣人。他的三个哥哥都不幸夭折，因此，父母怕他再夭折，便让他出家当了和尚（20岁受戒）。他潜心钻研佛经，深感中国佛经许多地方残缺不全，

法显像

便立志出国寻求经律。

东晋隆安三年（公元399年），法显从陆上步行到了印度。在那里他苦心修行，到处整理佛经，然后准备登船由海上回国。跟他一起去的是9人，回来时只剩他一个人了。

东晋义熙五年（公元410年）十月下旬，法显由今孟加拉国出发，在海上漂泊14天，到达狮子国（今斯里兰卡），在那里见到了一位中国商人，就一起东渡回国。船在海上漂泊13天，来到一个小岛，退潮后水手们修补好船继续航行。他们白天靠太阳、夜间靠星斗辨别方向，遇到阴雨天就随风漂流，不知所向。经过90多天海上漂泊，才到达今苏门答腊岛南部。法显在那里逗留5个月，又跟广东商人结伴回国。海上遇到狂风巨浪，一切东西都扔光了，法显却死死抱住佛像佛经不放。经过海上千辛万苦70多天的折腾，才于义熙八年（公元413年）漂流到山东崂山登陆。有人算了一下，法显在海上先后航行了5000余千米。

法显出国求学14年，足迹遍及30余国，不但带回了佛经（后来翻译整理出6部24卷），而且还把国外所闻所见及海上斗风战浪的经历整理成《法显传》（又称《佛国记》《佛游天竺记》等），为了解东南亚各国及航行情况提供了重要史料，也为后来郑和七下西洋打下了基础。

法显是中国海上丝绸之路的开拓者，是中国航海史上有重要贡献的人物。

回国以后，法显开始了紧张的佛经翻译工作，总计译经6部63卷，计100多万字，成了我国佛门弟子立法处世的准则。

公元414年，他撰写了一部世界性名著《佛国记》，简洁、生动地记载了他游访30多国及海外归来的历程。这部著作成为研究我国西域地区及东南亚各国社会、经济、地理、交通、文化、宗教以及民风民俗的主要文献。

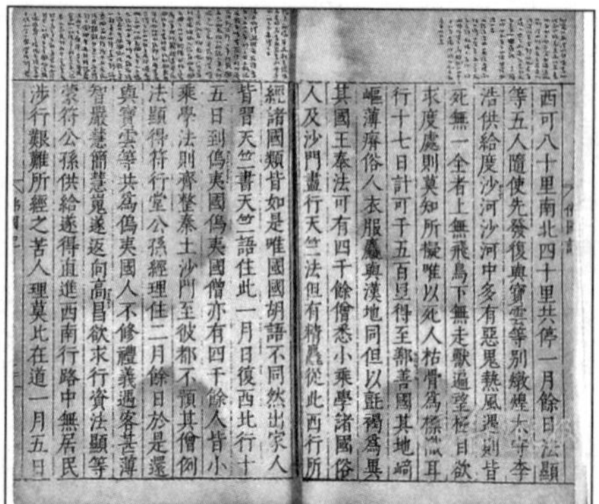
西可八十里南北四十里共停一月餘日法顯
等五人隨使先發復與寶雲等別燉煌太守李
浩供給度沙河沙河中多有惡鬼熱風遇則皆
死無一全者上無飛鳥下無走獸遍望極目欲
求度處則莫知所擬唯以死人枯骨為標識耳
行十七日計可千五百里得至鄯善國其地崎
嶇薄瘠俗人衣服粗與漢地同但以氈褐為異
其國王奉法可有四千餘僧悉小乘學諸國俗
人及沙門盡行天竺法但有精麤從此西行所
經諸國類皆如是唯國國胡語不同然出家人
皆習天竺書天竺語住此一月日復西北行十
五日到偽夷國偽夷國僧亦有四千餘人皆小
乘學法則齊整秦土沙門至彼都不預其僧例
法顯得符行堂公孫經理住二月餘日於是還
與寶雲等共為偽夷國人不修禮義遇客甚薄
智嚴慧簡慧嵬遂返向高昌欲求行資法顯等
蒙符公孫供給遂得直進西南行路中無居民
涉行艱難所經之苦人理莫比在道一月五日

《佛国记》书影

在佛教史上，法显与玄奘并称。但以时间而论，法显早200多年，属于首创；以旅途而论，玄奘陆去陆还，法显水陆环行，九死一生；以身体状况而言，玄奘出国，值青春年少（25岁），法显出国，已风烛残年（62 岁）；玄奘在国外，受高昌王、鸠摩罗王、戒日王的青睐，在国内，有唐太宗、唐高宗的支持，而法显实为一无名老衲，仅持一钵一盂，沿门乞缘而已！因此，尽管玄奘名满天下，成就显赫，但法显仍是我国最早的、最辉煌的、最艰苦卓绝的宗教探险家，是水陆环行第一人。

大约在公元 422 年，法显以 86 岁高龄，在荆州辛寺与世长辞。

鉴真六渡日本

1. 鉴真和尚第一次东渡

鉴真和尚（公元 688—公元 763）俗姓淳于，是扬州江阴市人。他 4 岁时出家，22 岁受戒，巡游两京，遍研三藏。26 岁时，他已经是能融贯各家之长、声名远扬的律宗大师了。

唐天宝元年（公元 742 年）十月，日本的学问僧荣睿和普照在鉴真门徒道航的推荐下，来到扬州大明寺拜谒鉴真，并请他东渡，到日本国传法。

唐天宝元年（公元 742 年），鉴真率弟子道航、思托等 21 人准备东渡。因为道航是当朝宰相李林甫的哥哥李林宗的“家僧”，所以通过道航的关系，鉴真一行得到扬州一名身为下级官吏的僧人的支持与帮助，开始建造船只，筹备干粮。不料，准备同行的僧人中有一个叫如海的，因与道航意见不合，就跑到官府诬告道航、荣睿、普照等人，使他们被捕入狱。经过审讯查清真相后，他们被无罪释放。虽然他们人被释放了，但船只却被官府没收，筹备的干粮因此也失踪。就这样，鉴真和尚的第一次东渡宣告失败。

2. 鉴真和尚第二次东渡

鉴真和尚的第一次东渡是以失败而告终的。官府将荣睿与普照关了 4 个月后才把他们释放出狱，但他们出狱后的第二天又一次秘密来

鉴真坐像

到大明寺拜见鉴真和尚，仍然坚决地邀请鉴真和尚东渡日本。鉴真和尚被他们的真情所感动，决心再试一次。

这一次东渡，鉴真和尚不但亲自出钱购买了岭南采访使刘巨鳞的一艘军用船，而且还雇了18名水手，又采办了各种物品和干粮，在公元743年的12月从扬州起航，沿长江东下。这一次随鉴真一起前往日本的还有思托等17名僧人以及各种工匠、艺人85名。当帆船航行到狼沟浦（今江苏省南通市狼山）江面时，狂风大作，破旧的军船被严重损坏，无法继续行驶，只好抢滩修理。又因为潮水的顶托，破船四处漏水，舱里水深齐腰，所有的干粮都被水浸泡而无法食用。这艘破旧的军船既不能前进，也不能返回，在水中足足漂泊了一个多月，才被明州（今浙江省宁波市）官员派人救回。就这样，鉴真和尚的第二次东渡又失败了。

3. 鉴真和尚第三次东渡

两次东渡的失败，并没有减弱鉴真和尚继续东渡的决心。当时，唐玄宗在位，他崇信道教，贬抑佛教。在激烈的门派斗争中，佛教已经受到压制，许多佛家弟子转而屈服于道教和朝廷。而一向坚信佛教、作为佛教中律宗后起之秀的鉴真和尚当然不会向道教屈服，因而他决心继续东渡日本，传经受戒，弘扬佛法。可这一次的结局更惨。

当鉴真一行还未出发时，就被一位越州的僧人发觉，并向州官告发，说日本僧人荣睿要引诱鉴真和尚逃往日本国。州官听到后，马上将荣睿追捕入狱，押送长安治罪。到了杭州后，荣睿因长途颠簸而病倒了，州官发现荣睿的病越来越严重，认为他没有逃跑的能力，就将他开释在外进行治疗。在治疗的过程中，荣睿假装病死，潜逃回了阿育王寺。于是，鉴真和尚的第三次东渡在准备过程中，就因被人告发而失败了。

4. 鉴真和尚第四次东渡

鉴真和尚亲眼目睹了日本僧人荣睿和普照为了请他去日本而置生死于不顾的所作所为，因此他决心继续东渡，不达目的誓不罢休。

鉴真东渡画像

为了避开众人的耳目，这一次鉴真和尚秘密派人到福州造船，筹备物资。唐天宝三年（公元744年）冬，鉴真和尚率领荣睿、普照、思托等30余僧人拜别阿育王寺主持，秘密南下。然而，鉴真和尚一行刚刚到浙江黄岩县的弹林寺，就被官兵重重包围了，并且被他们强行押回扬州大明寺。鉴真和尚为此感到奇怪：为什么这么秘密的行动也会被官府发现呢？原来，鉴真和尚的这次行动被他在扬州的弟子灵佑知道了，灵佑不忍心师父因东渡而冒险，所以就和各寺的僧人联合起来到官府告发。于是，江东道采访使下令各州县阻拦鉴真一行，从而使鉴真和尚的第四次东渡因其弟子的好心又告失败。

你知道吗

“大明寺”名称的变化

大明寺因初建于南朝刘宋孝武帝大明年间（公元457~公元464年）。1500余年来，寺名多有变化，如隋代称“栖灵寺”“西寺”，唐末称“秤平”等。清代，因讳“大明”二字，一度沿称“栖灵寺”，乾隆三十年皇帝亲笔题书“敕题法净寺”。1980年，大明寺恢复原名。现为国家AAAA级景区。

5. 鉴真和尚第五次东渡

唐天宝七年（公元748年）春，荣睿和普照从同安郡（现在的安徽省安庆市）来到扬州的崇福寺拜见鉴真和尚，三人商量后，马上就着手准备东渡。当年6月，鉴真和尚一行35人从扬州出发，沿江东行，出了长江口，在越州三塔山停留了一个多月，然后驶到舟山群岛附近的暑风山。

唐招提寺

到了10月中旬，船从暑风山起航，东行不久就遇到狂风恶浪的袭击。尽管他们没有被大海吞没，但船却完全失去了控制，在海上随波逐流。直到第九天，船才靠上一个无名小岛，补充了一些淡水，又继续航行了5天，来到一个鲜花盛开、四季如春的地方。上岸一打听，才知道他们已经航行到海南岛的最南端了。正在他们万般无奈之际碰到4个商人，便随着商人来到振州（今海南省三亚市），受到当地官府的接待，然后辗转北上。在返回途中路过端州时，荣睿因久病得不到医治而身亡。鉴真和尚因劳累过度，又医治不当，致使双目失明。即使这样，鉴真和尚仍没有灰心失望，他回到扬州后，仍然准备再一次东渡。

6. 鉴真和尚第六次东渡

鉴真和尚虽然5次东渡都以失败而告终，但他并没有因此而动摇继续东渡的决心。唐天宝十二年（公元753年）十月，日本第十次遣唐使在回国前，到扬州拜见鉴真和尚，并代表日本国邀请他去日本传法。此时的鉴真虽然经历了5次东渡的磨难，年届66岁高龄，而且双目失明，但他仍然答应随使团东渡日本。听到鉴真和尚又要出海的消息，当地寺庙的和尚们都对他极力阻拦，严加监视。但鉴真和尚一行24人在其弟子们的密切配合下，于10月29日晚在黄泗浦与日本遣唐使船队会合，终于踏上了第六次东渡日本的航程。

经过两个月的艰苦航行，鉴真和尚一行胜利抵达日本萨摩秋妻屋

鉴真东渡使得日本文化技术有了较大进步

浦（现在日本鹿儿岛县川边郡坊津町秋目村），受到当地官府的热烈欢迎。翌年2月，他们终于到达日本遣唐使船队的始发港——南波港。至此，鉴真和尚从公元742年起到754年止的12年中，前后6次东渡日本，备受艰辛，屡遭磨难，终于达到东渡日本、弘扬佛法的目的。

公元755年，鉴真和尚在奈良东大寺建筑戒坛，传授佛法，是为日本佛教徒登坛受戒之始。公元759年，日本建起唐招提寺，鉴真和尚传布律宗，并将中国的建筑、雕塑、医药学等介绍到日本，为中日两国文化交流做出了卓越贡献。

举世无双的郑和船队与航海图

指挥编队的航行与作战，是军事航海学中的重要内容之一。郑和在500多年前，能率领庞大的船队往来亚非航线上，对古代的军事航海学做出了卓越贡献。

郑和所率领的船队是一支特混舰队，最多时有200余艘，是15世纪世界上最大和最完备的船队。其船舶种类大致可分为六种，分别为：宝船、马船、粮船、坐船、战船和水船。

你知道吗

郑和所率六种船的作用

宝船：是船队中最大最主要的船舶，相当于当今旗舰或主力舰，为领导成员和外国使节所乘坐，为船队的核心。最大的宝船长148米，宽60米，载重量800吨。这种船可容纳上千人，是当时世界上最大的船只。它的体式巍然，巨无匹敌。它的铁舵，须要两三百人才能举动。马船：又称马快船，是大型快速水战与运输马匹等军需物资的兼用船。马船长123米，宽50米。粮船：主要用于运输船队所需粮食和后勤供应物品，使船队沿途能得到充分的补给，相当于今日的干货补给船。坐船：全称战坐船，是船队中的大型护航主力战船，为军事指挥人员及幕僚乘坐。亦可作为分遣护航舰队中的指挥船。坐船长80米，宽31米。战船：船型比坐船小，为专任护航和作战之用。战船长60米，宽23米。水船：为专门贮藏、运载淡水用的辅助船。

此外，还有提供交通、接驳、拖曳之用的大八橹、二八橹、六橹船。

郑和船队全体船员最多时为

供人瞻仰的“郑和宝船”

2.7万余人，必须有严密的编制、科学的分工与管制，才能严整有序。据《瀛涯胜览》记载，郑和第四次下西洋时，其船队人员有：“官校、旗军、勇士、通事、民梢、买办、书手通计二万七千六百七十员名。其中，官八百六十八员，军二万六千八百名，指挥九十三员，都指挥二员，千户一百四十员，百户一百零三员，户部郎中一员，阴阳官一员，教谕一员，舍人二员，医官医士一百八十员名，余丁二名，正使太监七名，监承五员，少监十员内官、内使五十三员。”此处所记者，侧重于领导管理人员。而祝允明在《前闻记》中“下西洋”条所记的随行人员，则侧重航行技术人员的分工，计有“官校、旗军、火长、舵工、班碇手、通事、办事、书算手、医士、铁锚、搭材等匠，水手，民梢人等，共二万七千五百五十员名”。

综上所述，可看出郑和船队的编制可分为四大职能部门，一是以正、副使太监和少监、内监为主的指挥决策人员，是掌握全船队航行、外交作战、贸易等重大行动决策和指挥中枢机构。二是以火长、舵工、班碇手、水手、民梢、阴阳官、铁锚、搭材等航海与帆缆等技术人员为主的航海业务人员。其中，火长

郑和塑像

负责全船的航行安全，类似当今商船的船长或驾驶员或军舰上的航海长。舵工在火长的指挥下操舵。班碇手负责起抛锚和离靠码头的操作。水手、民梢负责升落风帆、摇橹划桨和日常清洁保养工作。阴阳官负责观测天象，预报气象。铁锚、搭材等匠，负责打造修理铁木器材设备。三是外事、后勤人员：有负责外事活动、礼宾工作的鸿胪寺序班，对外宣传的教谕、教管钱粮和后勤供应的户部郎中，负责翻译的通事，负责采购供应的买办，负责会计出纳的书算手，负责起草文书的舍人，负责防治疾病的医官、医士等。四是武装护航人员：有都指挥、指挥、千户、百户、旗校、勇士、力士、军力、余丁等各级军事人员。主要负责航行或停泊中的外部安全，防御敌对武装和海盗的侵袭。

另外值得一提的是《郑和航海图》，《郑和航海图》原名是《自宝船厂开船从龙江关出水直抵外国诸番图》，因其名冗长，后人简称为《郑和航海图》。原图是仿照长江万里图一字展开式绘制的，呈一字形长卷，收入《武备志》时改为自右而左的书本式，也就是现今的样式。图有序一页，图面二十页，最后附“过洋牵星图”二页（四幅）。该图是郑和下西洋的伟大航海成就之一。它是在继承前人航海经验的基础上，以郑和船队的远航实践为依据，经过整理加工而绘制的。这本图集是世界上现存最早的航海图集。

《郑和航海图》所绘内容不仅清楚，而且准确。全图从南京开始，最远一直画到非洲东部。如果我们按海图标出的方位距离在现代地图上作业，就能非常准确地找出它原来的位置。航海图上的山形岸线采用了“对景图”画法。所谓对景图就是把山形地貌如实地画在海图上。这样使船工使用起来方便不少。每一关键地方的特征，比如山、塔、高大的建筑等等，图上都有。这样船工只要把图与实地一“对景”，就能很快做出判断。

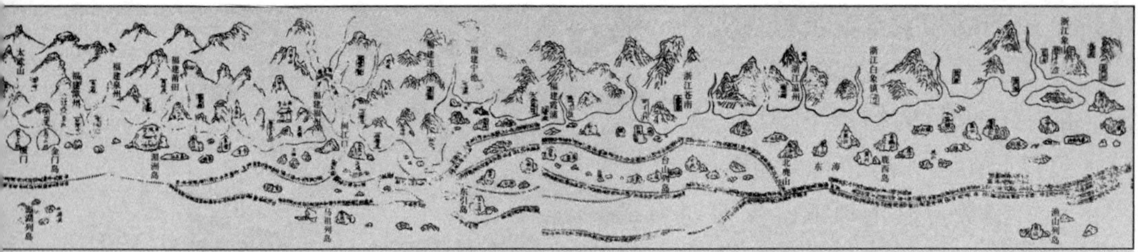

郑和航海图

现代的《航路指南》中也往往插有许多“对景图”，以便船员鉴别。我们只要一看郑和航海图和现代《航路指南》中的对景图，就可以知道它们是多么相似。

《郑和航海图》中对浅沙、礁岩也作了明确的标示，这对于保证航海安全是很必要的。现代的海图也采用了这种绘制方法。《郑和航海图》中还画出了中国直至东非的许多航线,上面明确标明航向距离，许多关键的地方还标上牵星数据，这对提高航海的准确程度，保证航海的安全，也是极为重要的。

第三章
船的发展

船，一个最能体现人与海洋相依相生的工具，从出现到发展，处处显示出人类驾驭海洋日趋成熟的痕迹，从远古筏的诞生到现代高端潜艇的问世，船究竟经历了一个怎样的历程？下面就让我们一起去探寻船成长的足迹。

筏的出现

人类的祖先经过多次实践，将两三根或更多的树干用藤或绳捆绑起来，就成了人类早期的一种渡水工具——筏。

史料上使用筏的记载很多。例如，我国战国时期，越王勾践令2800多人伐松柏做筏，自会稽（今浙江绍兴）沿海北上，迁都琅琊（今山东诸城），这是一次大规模使用木筏的海上运输活动；《诗经》中说："谁为河广，一苇杭之"，意思是说，谁说黄河宽啊，一个苇筏就可以渡过去。

古代埃及人利用尼罗河流域盛产的一种叫纸莎草的植物做筏，先将其捆成一个个小的草束，再将若干草束绑扎在一起制成筏。时至今日还能见到这种筏的古老身影。南美迪迪喀喀湖畔的居民还在使用这

现在南方依然常用的竹筏

种筏，它是把芦苇捆扎成草束，五个草束再捆扎在一起而成。

我国南方盛产竹子的地方，自古以来人们就一直使用竹子编成的竹筏渡水。

古代还有一种皮筏，它是将牛羊皮晒干、浸油，缝合成袋，然后充气或充填羊毛，将若干个这样的袋固定于木制骨架之下就成了皮筏。少者6~12个，多者达500个编成。

有了筏，人们再也用不着半身浸在水中抱着树干、芦苇和葫芦等渡水了，可以利用各种编制的筏去渡水、捕鱼、水上运送物资，以及躲避洪水猛兽的袭扰等。

筏，具有取材容易，制造简单，稳性好，装载面积大，能穿过急流浅滩等优点。所以，就是在水上交通运输工具高度发达的今天，筏仍有它独特的用处。

你知道吗

我们的祖先是怎样刳木为舟、因材制船的

当人类进入新石器时代以后，生产工具有了很大改进，能根据各种不同用途的需要，制造出石斧、石锛、石刀、石锸等，并已能人工取火。原始社会的人们经过漫长而不懈的努力，终于具备了制造独木舟的条件。但是，在当时只有原始的石器和火的条件下，要想将一根圆木做成一只独木舟，是何等艰难辛苦的大工程。我们的祖先根据生活中用火的经验，把火也用作造船的手段，同石斧等配合使用。一根树干，除了要挖掉的地方外，将其他表面都涂上一层厚厚的泥巴，然后用火烧烤要挖掉的部分。这样，有泥巴的地方木材烧不掉，就被保存下来；没有泥巴的地方被火烧成一层炭，然后再用石斧来砍。这样将火和石斧轮番使用，终于独木成舟，浑然一体，造出了最原始的船。

老的独木舟

不论中国或外国，有些地方至今仍在制造和使用独木舟。例如：我国贵州省清水江一带苗族的龙舟，

一直是用两人合抱的杉树或梧桐树挖制而成，两舷侧各并联一只小独木舟以增加横稳性；泸沽湖的纳西族摩梭人的独木舟就有三种之多；广西有的河流中至今还可见到摆渡用的独木舟；台湾的高山族人至今也还有使用独木舟的。

威武雄壮的帝王楼船

汉代我国造船技术已经成熟，有船尾舵和高效率的推进工具——橹。最能说明汉代造船技术高超的是楼船。楼船是水军的代称，也是对战船的通称。如把水兵称为楼船卒、楼船士，水军将校称为楼船将军、楼船校尉等。元狩三年（公元前 120 年）汉武帝下令在长安城西南挖建了方圆 40 里的昆明池，在池中建造“楼船”。船上能起高楼所以叫楼船。这是汉代重要的战船船型。“楼船”的出现是汉代造船业高度发展的重要标志。楼船高十余丈，分三楼层，“楼船”上设备齐全，已使用纤绳、橹、帆、楫等。楼船的四周还插满战旗，威武雄壮。

你知道吗

什么是楼船

楼船，我国古代一种甲板建筑，因其形制特别巨大，船高首宽，外观似楼，所以被称作“楼船”。船大楼高，可远攻近战，由于古代水战多以弓箭对射以及船只对撞和跳帮肉搏为主，舰船的大小直接决定单舰所能容纳的水手和战士的数量以及舰船的撞击力，所以楼船在古代很大程度上担任了水战主力舰只。但由于船只过高，重心不稳，故多在内河水战中担任主力。

汉武帝以其强大的水师完成了对东瓯（今浙江省东南部）、闽越（福建部分地区）、南越（广东广西部分地区）等地方封建割据政权的统一，巩固了海疆，为东南与南方沿海航路的畅通打下了基础，从而开辟了海上丝绸之路。

楼船模型

木板船与风帆

人们对独木舟和筏不断地进行着革新,结果出现了新型的木板船。由独木舟和筏发展到木板船，这是造船史上的飞跃。它开辟了航海史上的新时期。

木板船的出现可能是很久远的事了，至少不能晚于夏朝（约于公元前 21 世纪建立），在河南偃师县的二里头夏代遗址中，考古学家发现了夏代的铸铜和冶炼作坊，及青铜锛、凿等工具。说明由于金属工具的出现，夏代生产力进入飞跃发展阶段。这时也有了规、矩、准绳等木工生产工具。夏朝建造木板船的条件是不成问题的。据传说，黄帝的大臣共鼓和货狄发明了舟，颛顼发明了桨、篙，帝喾发明了舵和橹，尧发明了纤绳等等。现在我们可以知道这些航海工具是劳动人民集体智慧的结晶，不是哪一个人的独创。

造船业的发展是生产力发展的必然结果。到了商代，奴隶们已能制出重达 875 千克的有精细花纹的后母戊大方鼎了。从商代的遗址看，当时已能建造宫室、楼房、城墙，有锋利的青铜切削锯刻工具，用青铜制成的斧刀、锯、凿等生产工具的广泛使用为制造大批木板船成为可能。

木板拼装船

你知道吗

后母戊鼎的来历

后母戊鼎，是商王祖庚或祖甲为祭祀母亲戊而作的祭器，是中国商周时期青铜器的代表作，原称“司母戊鼎”或“司母戊大方鼎”。出土于河南安阳，现收藏于中国国家博物馆。是中国国家一级文物。重875千克，是世界迄今出土最重的青铜器，享有“镇国之宝”的美誉。

随着生产的发展，产品出现了相对过剩，接着就会出现商品交换和货币。1980年，在河南偃师县二里头夏文化遗址中发现了12枚仿制的骨贝和石贝，说明夏代就已有了商品交换。到了商朝，已能利用舟船进行商业活动。据上海博物馆所藏殷商时饕餮纹大铜鼎的一个铭文“荡”字，可知当时商品交换和水上运输的关系。这个字形是告诉人们在木板船上乘着两个人，其中一个人以手执楫在撑船，一个人挑着贝币或货物。说明当时生产和交换的发展已需要经常使用木板船了。在河南安阳商朝遗址及墓葬中都出土过许多海贝、象牙、鲸鱼骨，这些都是海中产物或海外交换而来的

风帆船

产物，再从甲骨文的几个舟字字形分析，商朝的船只已脱离了独木舟阶段而进入木板船阶段。

伴随着木板船的产生，它的缺点也日益凸显出来，就是抗风能力较差，于是帆应运而生。

关于帆的发明。传说夏禹作帆。禹是受到一种叫鲎鱼的启发。鲎鱼的形状很奇特，身体扁而宽，眼睛长在背上，嘴长在肚腹之下，而背上生有高 2 米多的鳍。每当有风吹来的时候，鲎鱼的鳍就高高挺起，它能借助风力前进，没有风的时候，它的鳍就收拢起来了。在鲎鱼鳍的启发下，人们就发明了帆。不论自然界是否有这种借助风力游泳前进的鲎鱼，但是帆的发明，肯定是古代劳动人民聪明智慧的表现，是劳动实践的结果。他们已知道借助自然风力帮助自己的航行了。这是生产力发展到一定水平的结果，也是社会生产生活的需要。恩格斯说："社会一旦有技术上的需要，则这种需要就会比十所大学更能把科学推向前进。"

国外早期的木板船

木板船是奴隶社会的产物，世界上哪些国家和地区较早进入奴隶社会，哪里的木板船就出现得较早。古埃及在公元前 3000 年左右就建立了奴隶制王朝，因此木板船在该地区也出现得较早。

公元前 3000 多年前，古埃及人就会造木板船了。早期埃及的木板船是为尼罗河上的运输而建造的。船的首尾高高翘起，适合于靠岸和在滩多的河流上航行。船的特点是容量大、吃水浅，不易搁浅。公元前 2600 年埃及法老基奥普斯墓里有一只墓葬船，是一艘木板船，它的船型与纸莎草船筏一脉相承。这艘船出土时已碎成 600 多块。经复原，船长 43.4 米，宽 8 米，载重近 40 吨，两舷侧木板厚 0.13 ~ 0.14 米。吃水很浅，可见当时埃及已有较大的木板船在地中海沿岸一带进行贸易运输。当时的木板船上设有多支桨，还有一张方帆，船尾有 3 ~ 5 对长桨当作舵用，用它控制航向。

在公元前 2500 多年前的古埃及第三王朝墓壁上，画有一只内河船，船身狭长，首尾上翘，船中部偏后处有房舱。船的主要动力是靠两舷的奴隶划桨手操桨，船首有一名撑篙手，船尾有 3 名操舵桨的舵手。图中还见到一个奴隶主监工，手执皮鞭，在船中央的步桥上来回巡视，一副凶狠丑恶的形象。船上还备有一可竖起和伏倒的人字桅，有风时可以竖桅张帆航行。

埃及曾发掘出土过一条公元前1800年前的木板船，船长11米，宽2.6米，没有龙骨和肋骨，而由一条条木板通榫和木钉拼接而成，最长的木块长约6米。

公元前1570～公元前1085年是古埃及新王朝时期，在代里尔巴哈里发现了当时的石印浮雕。浮雕记述了埃及女王海特谢博派往蓬塔的探险队。从上面可看到航行于海上的大船，其中一块浮雕记述了用大船运送两个巨大的雕刻石碑场面，通过尼罗河运到凯尔奈克。每个石碑大约重350吨，30米高，可见驳船是相当大的。船上用8个圆草捆一个接一个地捆在船头，划桨手坐在伸出船舷两边的三排横板上。每舷尾部有2个舵桨用于操纵航向。这艘大驳船由27只小船拖曳前进，每只小船上有30名划桨手，共有810名划桨手。

埃及木板船残骸

你知道吗

什么是浮雕

浮雕是雕塑与绘画结合的产物，用压缩的办法来处理对象，靠透视等因素来表现三维空间，并只供一面或两面观看。浮雕一般是附属在另一平面上的，因此在建筑上使用更多，用具器物上也经常可以看到。由于其压缩的特性，所占空间较小，适用于多种环境的装饰。近年来，它在城市美化环境中占了越来越重要的地位。浮雕在内容、形式和材质上与圆雕一样丰富多彩。浮雕的材料有石头、木头、象牙和金属等。

古埃及人造木板船的技术是承袭和发展了古代捆扎纸莎草船的方法以搭接和捆扎为主，绳索的运用十分巧妙。最大的船能承载700吨货。这时船上的桨和帆也有所发展。船桨加长，船舷上有固定的桨座；船尾当舵用的长桨也设有固定架支持。桅杆是2根树杆合并成的人字形，可放倒，桅的支点设在船的前部，用前后桅索使其竖立或放倒，并使舵杆稳固。帆索可调整帆的面积，以控制船的航速。桨和帆可同时并用以增加航速。

腓尼基桨船模型

腓尼基位于地中海东岸，傍依黎巴嫩山，即现今叙利亚的沿海一带。那里的人民祖祖辈辈以捕鱼为主，被称为“海上民族”。公元前2000年前腓尼基就出现了木板船。早期腓尼基的木板船很像当时的埃及船，但改革了桁索，看上去更加结实牢靠。船舶尺度较大，桅杆耸立在船的中央，船舷上有保护栏杆。到公元前1000年，腓尼基船已形成了船首、中、尾、底部都呈圆形的船。在以后几个世纪里，地中海的海上运输大多采用这种船型。腓尼基人对埃及纸莎草船型做了改进，船身变得短而宽，首尾基本竖直，有粗大的龙骨、肋骨和首、尾柱；船中部装单桅方帆，并配有少量辅助划桨，帆是主要的推进动力。

腓尼基人还发明了双层桨和三层桨战船。其特点是船身长而瘦，桨作为主要推进动力，有时辅以风帆。划桨手都是面向后坐立划桨。在船尾舵手的指挥下，动作一致地划。这种船操纵起来机动灵活。通常这种战船在船首底下，装有突出船首并略微上翘的尖锐冲角，用在作战中船以高速冲毁敌船船体。但腓尼基战船的吃水很浅，不大适应在海上作战。

中国古代造船技术

1. 科学合理的船型

中国从春秋时期开始，就能建造出几十种适合不同用途和不同航区要求的船舶。以后一个朝代胜过一个朝代，到明代初期木质帆船技术发展到鼎盛。

航行江河的船舶不一定适用于海洋。海洋上水面宽广，风急浪高，船的升沉运动和摇摆运动比在江河中激烈得多，而且不同的海区其深浅、底质、风浪情况等也有差别。为适应在风大浪高的海洋航行，中国古代造船工匠们经过长期的实践，并结合各种海区的特点，设计出很多优秀的船型。归纳起来，有四大著名的船型——沙船、福船、广船和鸟船。前三类海船最负盛名。

沙船模型

沙船，适合长江口以北，特别是江苏省沿海和渤海浅水海域使用。因走北方海区浅水航线，善于行沙涉浅而得名，它是中国平底海船的典型，也属中国最古老的海船船型。

福船与广船都是南方海区深水航线的著名尖底船，它们都是在平底船的基础上经过船体结构改建而成的，与西方带龙骨的两端上翘的船型完全不同，因而只需要给沙船贴造重底就可改造而成。

鸟船，因其船首形似鸟嘴而得名。鸟船又属福船型的小型快速海船，盛行于浙闽地区，常作为战船使用，无风时用桨，有风时用帆，适于作沿海航行，不宜作远洋航行。

2. 先进的连接技术

在中国古代木船的建造工艺中，钉接榫合技术是当时世界上一种先进的连接工艺。众所周知，造船最重要的是结构强度，坚实的船不仅取决于好的结构材料，而更重要的是怎样连接。连接方法不同，船体结构强度就大不一样。即使材料很好，但连接不好，造好的船也经不起风浪；对于水军中的战船，则更是如此。

你知道吗

我国钉接技术的起源

中国船舶早在公元前310年的战国时期，就应用铁箍连接船板。到了汉代就开始应用铁钉连接船板了。这在长沙出土的西汉16支桨木船模上的模拟钉孔得到了验证。到了唐代已经在全国各地的造船工场中普遍采用铁钉连接工艺了。

《清明上河图》（宋代画家张择端画的一幅长卷名作）中描绘的客、货船上铁钉的钉眼明显可见，显然是一种艺术上的夸张，但也说明作者对当时船舶的构造和连接方

鸟船模型

法，做过细心的调查和了解，否则是不可能如此详细地描绘出船体的钉接结构的。

海船的舷侧板和底板，也要有足够的强度，才能经得起风浪的冲击。而泉州宋代古船舷侧上部板的总厚度达18厘米，分为3层，其下一直到龙骨的整个底部壳板较薄些，是用两层木板制成。这种设计有其科学道理：尖瘦的船体外壳弯曲变化的程度大，特别是船体首尾两端更为突出。板厚到一定程度后，不仅施工比较困难，而且容易折断，如果分成几层，不但同样能保证结构强度，而且便于施工，维修也容易。至于舷侧板比船底板厚，是因为甲板上开有许多舱口，以致船体上部的强度较弱。因此，用增加增大与舷侧板厚度的办法来加强它。船壳板的连接方法是搭接与平接结合使用的，壳板的上下左右之间大都采用榫合，板与板间用铁钉钉联。板缝间塞以麻丝、竹茹和桐油灰捣成的混合物，这是中国古代造船中一种独创的缝的方法，对保证木质船壳的水密性十分有效，一直沿用至今。

3. 水密隔舱术

宋元时期，在西太平洋和印度洋中，中国、印度、阿拉伯各国的船舶乘风破浪，西往东来，呈现出远洋交通的盛景。说来奇怪，同是海船，在触礁船壳破裂的情况下，外国船舶很快就进水沉浸，唯独中国船舶虽也进水，但不多，仍能继续航行,驶抵口岸卸货后,加以修复，再继续使用。其中的奥妙就在于中国的船舶中设置了水密隔舱。它为各国造船家和航海家所赞叹，蜚声世界。

所谓水密隔舱，就是用水密隔舱板把船体分隔成互不相通的一个一个舱区，这是中国古代造船工艺上的一项重大发明。

水密隔舱的设置，具有多方面的优越性。首先，由于舱同舱之间是严密分隔开的，在航行中，特别是在远洋航行中，就是有一二个船舱破损进水，水也不会流到其他船舱,而使整个船沉没。如果进水太多，船支撑不了，可以采取抛弃货物，减轻船的负载量，也能减慢船的下沉速度，争取时间把船驶到附近的港口，进行修补。但是，没有设置水密隔舱的船舶，情况就完全不一样了，只要船底外壳撞破一个洞，水就会涌进船舱,而后漫流到全船。因此，水密隔舱的设置提高了船舶的抗沉性能，增强了人员和货物在远洋航行中的安全性。

其次，船上分舱，对货物的装

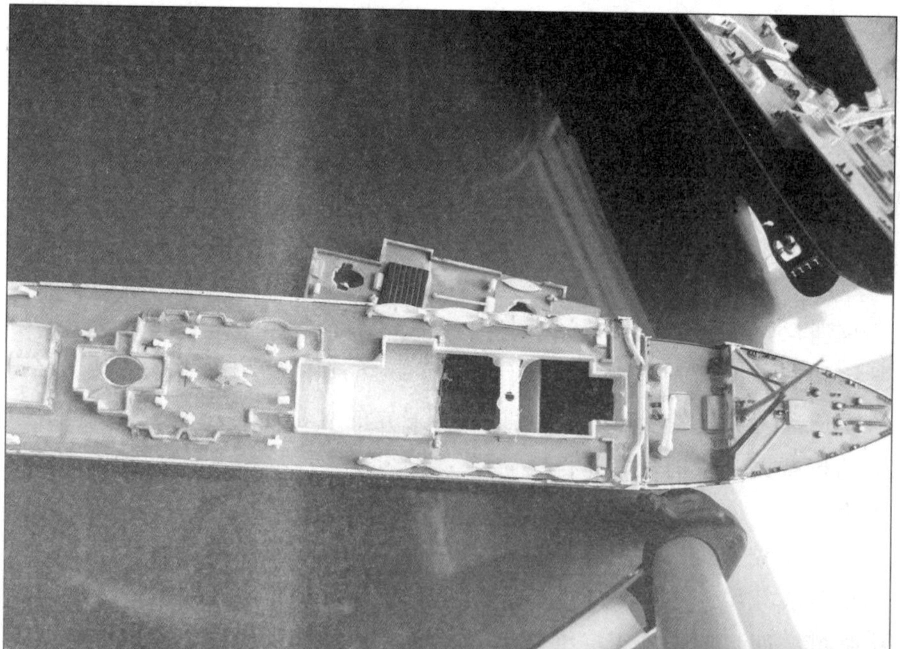

水密隔舱术

卸和管理比较方便。不同的货主和不同的货物都可以分别放装到各个不同的货舱内，不至于将不同货主的不同的货物放混，既便于装卸货物，又便于管理。

第三，由于隔舱板同船壳板紧密钉合，按船舶的大小长短，少则有五六道隔舱板，多则有一二十道隔舱板，这样就增加了船体的横向强度，提高了船体结构的坚固性。

由于水密隔舱具有上述的优越性，因此问世以后不但在国内长期推广应用，而且还流传到国外，被各国陆续采用推广。

关于中国船舶设置水密隔舱的情况，很早就受到国外的赞赏。宋元时期航行在印度洋上的阿拉伯人，大多愿意搭乘中国的海船，就是因为中国海船下有水密隔舱，上有舒适的客房，风浪中航行平稳，既安全，又舒服。元朝时期的意大利旅行家马可·波罗在他的游记中对中国海船做了详细的描述。关于水密隔舱，他这样说："比较大一些的船只有 13 个货舱，就是船里面的隔间，都是用硬木板装隔的，跟船壳紧密地钉在一起。如果船只发生意外，忽然触礁或者受到鲸鱼的撞击而产生漏洞……海水就从破洞流进船舱……船只一旦发现漏洞，立即把货物搬到别的舱里。由于这种舱隔绝得十分严密，所以一个舱进水，并不影响其他的船舱。等船只把损坏的地方修复以后，货物仍可搬回原处。"

古代福船模型

钢铁蒸汽时代

1. 动力革命——蒸汽机上船

在 19 世纪以前的几千年中，船舶的动力一直是由人力划桨和风帆来提供的。这两种动力有很大的局限性：一是动力小，船跑得不快，一般只有几节，最大也只有十三四节；二是靠人力划桨，不能持久；三是靠风帆作动力，受风向、风速甚至潮流的影响大，碰到无风天气，就只好停航了。长期以来人们都在不断地探索寻找新的动力。瓦特发明蒸汽机以后，给船舶的发展带来

蒸汽动力火车

了千载难逢的机遇，成为船舶动力革命新的里程碑。

瓦特发明蒸汽机以后，很快在纺织业中得到了应用，随即很快推广到化学、采掘、冶金、机器制造等部门。

蒸汽机能不能用到船上作推进动力呢？这是人们梦寐以求的事。法、英、美、西班牙等许多国家中不少人都在探讨利用蒸汽机推进船舶的方案。但遗憾的是都未能达到实用阶段。1797 年，美国工程师罗伯特·富尔顿（1765–1815）在巴黎，得到美国驻法国大使里文斯顿的帮助，于1803年在塞纳河造蒸汽机船，因船体结构的强度不够，难以承受机器的重量，还没进行试验就沉没了。罗伯特·富尔顿毫不灰心，第二年打捞出该船的主机，重造新船，船长20.12米，宽2.44米，试航成功，航速达 4.5 节。1806 年，罗伯特·富尔顿与里文斯顿先后返美国，着手建造吨位大、蒸汽机功率也大的蒸汽机船。船长 40.56 米，宽 5.46 米，型深 2.74 米；蒸汽机为单缸，缸径 610 毫米，冲程 1219 毫米，14.7 千瓦，燃料为煤或木材；明轮直径 4.57 米，划水叶板宽 1.22 米。该船是一艘内河客船，以里文斯顿的家乡“克莱蒙特”命名。因为该船的叶轮大部分都露出水面，故人们称它为“明轮”。1807 年 8 月 17 日，“克莱蒙特”号在纽约市的哈德逊河上进行试航。船内炉火通红，蒸汽机隆隆轰鸣，高耸的烟囱浓烟滚滚，船旁两只大直径明轮飞快地转动。满载旅客的“克莱蒙特”号以 5 节的速度航行 32 小时，逆水航行 240 千米，试航获得了圆满成功。岸上的观众，掌声雷动，欣喜若狂，争相

蒸汽模型

观看这一划时代的处女航。这一航程若用当时的单桅帆船行驶，则需要 4 昼夜。“克莱蒙特”号既是第一艘蒸汽机明轮船，同时也是第一艘近代蒸汽机客船。它的试航成功，显示了蒸汽机船的强大生命力，在船舶发展史上写下了光辉的篇章。

你知道吗

什么是明轮

明轮，又称明轮推进器，是船舶的一种推进工具，利用明轮转动，叶片拨水来推进船舶。明轮推进器比桨、橹等推进工具前进一步，但是，它结构笨重、效率低，所以，明轮推进器后来被螺旋桨所代替。

蒸汽机船问世以后，这一新生事物受到了各国的重视，争相试制。例如：1811 年，贝尔建造了英国第一艘蒸汽机船“彗星”号。建成后在格拉斯哥和柯林斯堡间作客运班轮，它证明了蒸汽机明轮推进的可靠性是很高的，航速达 6.5 节；1815 年，俄国建成了“伊丽莎维塔”号商船，干脆取消了风帆，只采用蒸汽机明轮推进。在这之后的几年中，美洲、欧洲的内河和沿海航线上，就有 50 多艘蒸汽机船投入营运，取得了可观的经济效益。

2. 第一艘蒸汽舰

第一艘蒸汽舰也是罗伯特·富尔顿的杰作。富尔顿为了寻求打破1812年在同英国的战争中英国对纽约窒息性的封锁，设计建造了“迪莫洛戈斯”号蒸汽舰，后来人们称作“富尔顿一世”号。该舰采用坚固的双壳船体结构，这使位于船中部的明轮推进器得到了很好的保护。它的船舷夹层最宽部分有1.52米，舰上装备有30门大炮，航速可达5.5节，排水量达2.475吨。不幸的是由于政府缺少资金，它的完工推迟到战争结束后。富尔顿死后的1815年春天，该舰建成并试航成功，但一直默默地停泊在布鲁克林海军造船厂内，直到1892年该舰爆炸烧毁。

蒸汽舰模型

美国是第一个使用蒸汽舰进行海战的国家。1823 ~ 1825年，商船队队长戴维·波特在同西印度海盗作战时，一艘作为货船的小型内河蒸汽船“海鸥”号当时被编入海军服现役，因而也就成为美国第一艘蒸汽舰。当时因无风，其他风帆战舰停止不动时，而“海鸥”号在蒸汽机推动下驶近海盗船并发射了第一炮。

在以后的20年里，英国和法国的海军也相继造了几艘蒸汽舰，这些明轮蒸汽舰在使用中人们发现，用它们作运输或牵引因无风而停止不动的帆船是有用的，但作为战舰参加海战，确实存在两个缺点。一是舰上的明轮体积大，大部分在水线以上，易受敌方炮火的攻击，同时也影响舰上火炮的布置；二是安装在水线以上的蒸汽机也易受到敌方炮火的攻击。以上缺点引起了舰长们和造船家的重视，都在积极探索解决的办法。

3. 最早的铁壳船

18世纪以前，几乎所有的船舶都是用木材建造的。随着社会的发展，造船技术的提高，需要很多吨位大、航速快的船舶来满足交通运输日益增长的需要。但是木船限制了船舶向大型化、高速化方向发展。

自从英国进行产业革命以后，钢铁和蒸汽机大量应用到许多工业部门。人们自然会想到能否用铁和钢取代木材造船呢？有些受传统思想束缚的人提出了疑问，总认为铁比水的比重大得多，造出的铁船容易沉掉，但更多的人敢于去闯新路。

1787 年，英国苏格兰造出了世界上第一艘铁制驳船“试验”号，船长 21.05 米，能装载很多货物，并安全地浮于水面，从而证明了铁能用来造船。1801 年，一艘完全用金属造的船“克莱蒙”号下水。1818 年，英国苏格兰人 T. 威尔逊建造了一艘铁壳帆船，并用于内河和沿海运煤。可是由木船发展到铁船，进展十分缓慢，主要原因还是旧思想根深蒂固，有些人总认为铁船容易沉掉。

然而事实教育了人们：1821 年，船长为 32.33 米的铁壳船“艾伦·曼比”号安全地驶过了英吉利海峡，经受住了海上风浪的考验；1834 年，有一艘名叫“加里文”号的蒸汽机铁壳船和几艘木制蒸汽机船一起航行，突然遇到大风暴。那几艘木船不是沉没，便是遭到严重损坏，只有“加里文”号铁壳船毫无损伤；1841 年，英国建造的第一艘用于海上航行的铁壳蒸汽机客轮“大不列颠”号，安全地在大海中破浪前进。这以后，才逐渐打破了人们对铁壳船的疑虑，铁壳船才有了较大发展，在航运中得到广泛应用。1860

铁壳船

年，铁壳船在世界造船总吨位中占38.5%；1865年占69.4%；1875年达到89.9%。实践证明，铁壳船的强度好，能经受住海上狂风巨浪的考验，而且造价低廉，载重量大，寿命长等。从此，铁壳船进入了黄金时代，铁成为主要的造船材料，从1850～1880年，铁逐渐取代了木材造船。1880年以后，由于炼钢业的大力发展，同时钢具有比铁的强度高、韧性好等多种优点，又逐渐取代了铁成为造船的主要材料，造出了强度更高、重量更轻的船体。

虽然人们在20世纪初就认识到用钢铁造船，焊接比铆接要好，但对焊接的质量总不尽放心，很长一段时间，还是用铆接建造钢铁船。直到1939～1945年的第二次世界大战期间，由于战争需要大量舰船，才开始广泛应用焊接来造船。

游弋大洋的巡洋舰

巡洋舰是一种速度快、续航力大、耐波性好、排水量和武器及防护仅次于战列舰的大型军舰。它在大国海军中是中坚力量，在中等国家海军中是主力，不论在和平时或战时都能担负多种任务。

巡洋舰用于掩护航空母舰编队和其他舰船编队；保卫己方或破坏

以钢为制造材料的船

敌方的海上交通线；攻击敌方舰艇、基地、港口和岸上目标；在登陆和抗登陆作战中进行火力支援；担负海上编队的指挥舰等。

现代巡洋舰按排水量的不同，分为轻型导弹巡洋舰和重型导弹巡洋舰；按动力装置类型分为常规动力巡洋舰和核动力巡洋舰。

现代巡洋舰的满载排水量3000 ~ 5000吨，最大航速30 ~ 35节，普遍装备有舰空导弹、舰舰导弹、反潜导弹和新型全自动中口径炮及多管小口径炮，配有反潜直升机、鱼雷以及电子对抗设备、舰艇指挥控制自动化系统。具有较强的区域防空、对海攻击和一定的反潜作战能力。常规动力巡洋舰有燃气轮机和蒸汽轮机两种动力装置。核动力巡洋舰的续航力可达1.5万海里，机动性能大大提高。

在风帆战船时代，巡洋舰是指舰炮较少、通常不参加战列线战斗、而主要用于巡逻、护航的快速炮船。在蒸汽机船的初期，则指明轮巡航炮船。舰船采用螺旋桨推进后，至19世纪60年代才开始探索建造具有近代意义的巡洋舰。19世纪末期，巡洋舰主要有装甲巡洋舰和水平装甲巡洋舰。装甲巡洋舰亦称大型巡洋舰，排水量5000吨以上，虽然只有轻型的装甲防护，却有与小型战列舰（海防舰）相匹敌的炮火力量，主炮都是装在炮塔内，航速18 ~ 20节，比战列舰快2 ~ 3节。水平装甲巡洋舰也称小型巡洋舰，排水量2000 ~ 5000吨，起初是无防护的，到后来发展成有防护甲板的防护巡洋舰（水平装甲巡洋舰）。

早期的风帆巡洋舰

20世纪初，由于建造无畏舰来代替装甲舰，同时建造无畏舰式战斗巡洋舰，从而使各国海军中的装甲巡洋舰丧失了战斗价值。蒸汽往复机的水平装甲巡洋舰也很快地陈旧了，因其速度仅略高于无畏舰，还没有战斗巡洋舰速度快，所以被装有蒸汽轮机、速度较快的巡洋舰取代了。但由于这种快速轻巡洋舰的数量不足，故速度较慢的各型蒸汽机往复机巡洋舰仍在使用。

20世纪50年代中、后期，随着各种舰载导弹、核动力、舰载直升机以及各种现代电子设备的出现，又推动了巡洋舰的发展。

现代巡洋舰

你知道吗

什么是“无畏”舰

“无畏”舰为20世纪初各海军强国竞相建造的一类先进的主力战舰的统称。无畏舰的分类来源于英国海军于1906年开始建造的“无畏”号战列舰。其特征可以概括为：它取消了以往战列舰上的用于攻击的第二口径主炮，装备了同一口径统一型号的主炮，保留了用于防御轻型军舰的副炮，以及使用高功率蒸汽轮机做动力。该舰成为现代战列舰的始祖，确立了其后达35年世界海军强国战列舰火炮与动力的基本模式，战列舰的火炮射程以及航行速度不断大幅度地提高。此类战列舰被统一概括为“无畏”舰。

1955年11月，美国把“波士顿”号重巡洋舰改装成世界上第一艘导弹巡洋舰；1957年12月，又开始建造世界上第一艘核动力导弹巡洋舰“长滩”号，装备有舰空导弹和相控阵雷达等新型武器装备。随后，英、法、苏、意等国也相继建造导弹巡洋舰。50年代至80年代，美国已建造常规动力巡洋舰33艘、核动力巡洋舰9艘，苏联建造常规动力巡洋舰28艘、核动力巡洋舰3

艘。

美国于1983 ~ 1994年建成服役27艘“提康德罗加”级导弹巡洋舰。满载排水量9590吨，舰长172.8米、宽160.8米、吃水9.5米，航速30节以上，续航力20节时6000海里，编制358人（其中军官24人），动力装置为4台LM2500型燃气轮机，总功率63210千瓦，双轴双桨，装有“战斧”对陆和对舰巡航导弹发射装置、2座四联装“鱼叉”反舰导弹发射装置、2座双联装可发射“标准”舰空导弹和“阿斯洛克”反潜导弹的发射装置。以后各舰改装成2座导弹垂直发射装置（每座备弹61枚），2座6管20毫米“密集阵”速射炮、2座127毫米炮、2座三联装鱼雷发射管，电子战系统等，2架“海鹰”直升机（含机库）。

前苏联于1980 ~ 1989年建成4艘Pic级导弹巡洋舰，是当时排水量最大的巡洋舰，满载排水量2.43万吨，总长252米、宽28.5米、吃水9.1米，2座核反应堆和2座蒸汽轮机动力装置、总功率110250千瓦，航速33节，装有SA-N-9导弹垂直发射装置（4组 ×4筒），SA-N-6导弹垂直发射装置（12筒）、SS-N-19导弹发射装置（20筒）、

诺曼底号导弹驱逐舰

1座双联装SS–N–14导弹发射装置、2座双联装SS–N–4导弹升降发射装置，2座单管100毫米炮（有的舰改为1座双联装130毫米炮）、8座6管30毫米炮、一座12管和2座4管反潜火箭发射装置，2座五联装鱼雷发射装置，3架直升机，电子战系统等。该级舰具有排水量大、作战半径远，武器齐全且数量多、有很强的作战能力、载弹量大、作战系统攻防兼备、隐身性能好等特点。

今后，导弹巡洋舰的排水量有增大趋势。将采用全自动、多用途导弹垂直发射系统，能发射舰舰、舰空和反潜导弹；有更多的重型导弹巡洋舰将采用核动力；装备相控阵雷达并与导弹垂直发射系统配合，能有效对付敌方空中的饱和攻击；进一步提高隐身性能等。

海中幽灵潜艇

潜艇的历史可谓久远，最早可追溯到2000多年前。据史料记载，当时的罗马国王亚历山大有一天好奇心大发，命令工匠赶制一个能沉

“彼得大帝”号核动力导弹巡洋舰

入海底的玻璃容器，用来观看水下奇观及水族生物的生活情形。当然，这时的所谓潜艇还只是个雏形。真正的潜艇鼻祖恐怕要算17世纪初的荷兰物理学家科尼利斯·德雷尔了，他于17世纪20年代初制造了一条木质潜水船，它以桨做动力，外面蒙有一层涂油牛皮，可以下潜4到5米。潜水船构想甚为精巧，在船里面装有羊皮水囊，当皮囊灌满水时，船因重力原因就下潜；把皮囊内的水挤压出去，船就浮到了水面上。18世纪70年代，美国人D.布什内尔建成了一艘单人操纵的木壳艇"海龟"号，通过脚踏阀门向水舱注水，可使艇潜至水下6米，并能在水下停留30分钟。艇上装有2个手摇曲柄螺旋桨，使艇获得3节左右的速度和操纵艇的升降。此外，艇外还携带一个能用定时引信引爆的炸药包。1776年9月，"海龟"号潜艇偷袭了停泊在纽约港的英国军舰"鹰"号，虽然没能成功，却开创了潜艇袭击军舰的先河。

18世纪末到19世纪末，是潜艇研制的重要时期。1801年，美国人R.富尔顿建造的"鹦鹉螺"号潜艇，艇体为铁架铜壳，艇长7米，携带2枚水雷，由4人操纵，水上采用折叠桅杆，以风帆为动力。水下采用手摇螺旋桨推进器推进。19世纪60年代，美国南北战争中，南军建造的"亨利"号潜艇长约12米，呈雪茄形，用8人摇动螺旋桨前进，航速4节，使用水雷攻击敌方舰船。1864年2月17日夜，"亨利"号用水雷炸沉了北军战舰"豪萨托尼克"号，首创潜艇击沉军舰的战例。

早期的潜艇都是使用人力推进的，航速很慢。1863年，法国建造了"潜水员"号潜艇，使用功率58.8千瓦的压缩空气发动机做动力，速度为2.4节，能在水下潜航3小时，下潜深度为12米。1886年，英国建造了"鹦鹉螺"号潜艇，使用蓄电池动力推进，航速6节，续航力约80海里。

1897年，美国建造了"霍兰Ⅵ"号潜艇，水面使用33千瓦的汽油机动力装置，航速7节，续航力达到1000海里；水下使用电动机为动力，航速5节，续航力50海里，这是潜艇双推进系统的开端。该艇共有5名艇员，武器为艇艏鱼雷发射管（有3枚鱼雷）和2门火炮（向前、向后各1门），火炮瞄准靠操纵潜艇艇体对准目标。该艇能在水下发射鱼雷，水上航行平稳，下潜迅速，机动灵活。

到了19世纪末，由于当时的英国、美国等海军大国对潜艇仍持怀疑态度，认为它只不过是弱小国家用于偷袭的武器，因此阻碍了潜艇的发展。但是，当1898年法国的“古斯塔夫·齐德”号潜艇用鱼雷击沉了英国战列舰“马琴他”之后，各国终于醒悟了，纷纷开始投入到建造潜艇的热浪中。第一次世界大战前，各主要海军国家共拥有潜艇260余艘，成为海军重要作战兵力之一。

第一次世界大战一开始，潜艇就被用于战斗。1914年9月22日，德国U–9号潜艇在1个多小时内，接连击沉3艘英国巡洋舰，充分显示了潜艇的作战威力。战争期间，各国潜艇共击沉192艘战斗舰艇、5000余艘商船。其中被德国潜艇击沉的商船约1300多万吨。同时，反潜战开始受到重视，战争期间被击沉的潜艇共265艘，其中德国就损失200多艘。第二次世界大战期间，潜艇战术和技术性能有了很大改进，并于战争后期装备了雷达、雷达侦察仪和自导鱼雷，德国潜艇还安装了用于柴油机水下工作的通气管。潜艇战斗活动几乎遍及各大洋，担负攻击运输舰船、水面战斗舰艇和侦察、运输、反潜、布雷，以及运送侦察、爆破人员登陆等任务。战争期间潜艇共击沉运输船5000多艘（2000多万吨），大、中型水面舰艇300余艘。战争中如此卓越的战果，使世界各国都不遗余力地发展潜艇。反潜兵器也得到很大发展，被击沉的潜艇达到1100多艘。

攻击核潜艇在水面航行

俄罗斯最古老的灯塔

在俄罗斯科特林群岛西端，矗立着一座不但是波罗的海，而且也是苏联最古老的灯塔之一——具有300年历史的托尔布欣灯塔。托尔布欣灯塔正面就是通向涅瓦河畔城市水路——圣彼得堡运河的顶端。

这座灯塔是奉彼得一世的旨意建立的。1718年11月13日，在给A·克吕伊斯海军中将的一封便函中，彼得写道：“在科特林沙嘴建造石质灯塔。”为了执行彼得一世的旨意，1718年12月2日，克吕伊斯给列英大尉下达了开赴科特林群岛的命令。随信附上了彼得一世亲手绘制的灯塔塔楼草图。石质灯塔建筑物不但需要消耗大量的材料，而且还需要众多的熟练安装工，而这些喀琅施塔得港口都没有。为此，征得彼得一世的同意，决定先建造临时的木质灯塔，同时开始筹集石质塔楼的建筑材料。

第一座木质灯塔建于1719年。由于灯塔建造在科特林岛西端的沙嘴上，所以灯塔就自然称为科特林灯塔。1736年，为了纪念喀琅施塔得城防司令、科特林群岛警备司令C·托尔布欣上校，灯塔易名为托尔布欣灯塔。

科特林灯塔塔楼上安装了蜡烛灯，不过从远处基本上看不到蜡烛灯光。1723年，蜡烛灯被大麻油灯所取代，可情况未能明显改善。1731年，为科特林灯塔运来了金属炉盖、金属炉排和用来燃柴烧煤的其他设备。不过，这些设备没有立刻进行安装。同时，石质塔楼的建造长期搁置。到了1730年，灯塔的木质结构完全毁坏，但是修理过的木质结构灯塔使用到1737年。那时，灯塔完全重建，且改用燃柴烧煤照明。

1736年4月12日，管理灯塔的俄国海军委员会做出建造新灯塔的决定。海军总设计师伊万·科罗波夫受命担任这项任务。来到科特林沙嘴后，科罗波夫决定了构筑灯塔的首要任务，并建议先建造木质灯塔，同时逐步准备构筑石质灯塔。

海上灯塔

遵照安娜女皇的旨意，挑选了140名“服苦役的奴隶”做苦力。1737年，木质灯塔建造完工。不久，俄国海军委员会又提出了建造石质灯塔的事宜。1739年，石质灯塔顺利奠基。但是，由于种种原因，直到1810年托尔布欣灯塔仍是木质灯塔。

第一座石质灯塔塔楼的建筑与海军军官列·瓦·斯巴法里耶夫的作用是分不开的。他制定了方案，编造了建造托尔布欣灯塔和芬兰、里加湾其他灯塔的预算，并亲自参加了灯塔的建造。当斯巴法里耶夫绘制出托尔布欣灯塔设计图之后，海军委员会要他征求著名建筑师、彼得堡海军部大楼的设计者A·D·扎哈罗夫的意见。扎哈罗夫完善了设计，且进行了一系列的补充。

1809年，动工兴建托尔布欣灯塔塔楼。1810年9月，砖砌圆塔楼、大理石勒脚、值班房和澡堂完工。在塔楼上部安装了12棱金属灯，该灯利用40盏油灯燃油照明。金属灯拥有24面镀银的反射镜，这大大增加了灯塔的照明距离。

1810年9月22日，新灯塔启用。在灯塔上安装电报机后，决定在值班房上加盖一层楼。1833年，二楼盖成，并顺便建造了连接房子和灯塔塔楼的走廊，这就改善了灯塔的服务条件。

1867年，为托尔布欣灯塔从英国订购了屈光灯塔仪器和金属灯设备。光学仪器装备有波罗的海灯塔经理处专门制造的油灯。1868年6月29日，新灯启用。新灯终于放射出能见度很远的转动光速。

近几十年来，在灯塔上进行了加固灯塔基础和装备现代化设施的大量工作。1957年，灯塔上安装了带有电光源的新光学仪器MH-500。沿着岛的四周用组装钢筋混凝土块建造了严密包围圈。1969 ~ 1970年，建造了金属柱的钢筋混凝土码头。灯塔装备了最新的雷达灯塔应答器。

每当夕阳西斜，傍晚来临，托尔布欣灯塔就四射光芒，第一个迎接来自远方国家的海船，并目送着它们向圣彼得堡远去。

第四章
传奇悲壮的海上探险

越是神秘的地方越让人充满遐想，古今亦然。就像海洋，这个广袤而神秘的世界，早在远古时代就激起了人类好奇的向往，伴随着强烈的征服感，西方的探险家们开启了一个伟大的时代。

欧洲航海的奠基人

亨利是葡萄牙国王的第三个儿子，从小生活在宫廷里，有强烈的政治责任感，他想像哥哥那样成为勇敢的骑士。可是根据惯例，只有在战争中才能授骑士称号。在当时葡萄牙财务大臣的支持下，一个冒险行动酝酿成熟了，那就是发动战争，向北非的休达城进攻。这是要渡海作战的战争，因此亨利王子拼命建造军舰，而且秘密地派人去侦察休达城的防御及附近海域情况。

1415 年 8 月中旬，休达城市民谁也没有想到战争灾难会临头，在他们小半岛外的海上，200 多艘战船蜂拥而来，葡萄牙人横渡直布罗陀海峡突然登陆，只经过一天战斗，就占领了休达城。这是欧洲人向欧洲之外扩张领土的开始。这样亨利王子就得到了骑士的头衔。通过这次远征，亨利对航海发生了兴趣，他相信，只要有足够粮食，就能在

为纪念航海王子亨利建立的雕像

海上长期航行。

更重要的是，他在休达城了解到，阿拉伯人在北非市场上出售的黄金、象牙、奴隶，都是商队从撒哈拉以南的一条大河运过来的。亨利猜想，只要沿海岸南下，一定能到达盛产黄金的国家。这一念头的产生，使亨利对航海和造船业更加感兴趣。

最初航海只能靠白天看太阳、晚上看北斗星来定位和确定航行方向。亨利除总结这些经验外，对船的研究也很重视。一种名叫卡拉维尔的船，受几代探险家的喜欢，它体积小，灵活，易于操纵，吃水浅，里面装的东西多，适合远航。亨利不断对这种船进行改进，使之有三角帆和四角帆两种。后来这种船发展成为三桅船，中前桅和主桅在远洋航行时挂横帆，后桅保留三角帆。哥伦布横渡大洋时使用的就是这种“卡拉维尔”船。

你知道吗

北斗星的构成

北斗星又称北斗、北极星、魁星等，属大熊星座。是指在北天有排列成斗（杓）形的七颗亮星，即天枢、天璇、天玑、天权、玉衡、开阳和摇光。我们常称它们为北斗七星。在日常生活中常帮助人们在夜间辨别方向。我国历代记述北斗星的著述繁多，如《甘石星经》《虞书》《史记》《淮南子》《晋书》等。

亨利最爱看书。那天他不知从哪里弄来一本书，书中有一个传说使他兴奋一夜，久久难眠。书中传说世界上有个王国，美丽极了，沃野千里，草木丰盛，牛羊成群，就像仙境一样美妙。那里，黄金遍地，白银如山，珠光宝气，仿佛天国一般富饶。那里的人，生活得像神仙般的舒适、欢乐。看到这里，亨利的眼睛雪亮发光，脸上泛着红光。他一口气看了几遍，逐字逐句地研究，生怕漏掉一个字。他被感动了，迷住了，仰头说：“我要找到那个神秘的王国。”

那么，这个神秘仙境般的王国在哪里呢？书上讲得很笼统，只指出在尼罗盆地东南面，而且被江、

小港口——萨格里什

湖、河、海的水所隔断。亨利说:“好吧！我倾家荡产也要找到这个神秘的国家。”

要找到这个王国，那可不容易，要从海上绕过非洲才行。

亨利富有幻想，说干就干，把领地交给管家去管理，自己毅然离开了舒适的城市，到葡萄牙西南部圣维森提角一个叫萨格里什的小港口定居下来。他选择这个地方，出门就能见到大西洋。就在这里，亨利开始了他的“航海”生涯。

亨利贴出布告，招兵买马，网罗人才,不管天文学家还是数学家，也不管是船舶设计师还是海船制造者，只要和航海有关，他都来者不拒。他选的船长，真是百里挑一，经验丰富，性格坚定，足智多谋；他找的水手个个膀大腰圆，反应灵活，有胆量有技术，虽然有些粗野和鲁莽,但亨利相信通过严格训练，可以把他们培养成第一流的水手。

亨利制定的纪律，不但严明，而且有些残酷，听了叫人毛骨悚然。如果水手值班时打瞌睡，就不给面包吃，不给淡水喝，情况严重者，还要剥光衣服，用皮鞭抽打，然后吊起来浸到咸咸的海水里泡上3次。如果水手头目犯了错误，虽然不会挨打，但却要从头上浇下一桶海水，而且不准用淡水去洗，那咸咸的海水浇下来，即使干了，身上盐霜也会结成巴，难受的程度不亚于皮肉受苦的滋味。假如船上负责记录的人记录情况不真实，那处罚就更厉害了，不但要没收他的财产，砍去他的右手，还要在他额头上打上烙印。

亨利坚信，对于这些本身就有熟练技术的水手们，只有加强纪律，才能使他们发挥更好的作用。的确，水手们在严明的纪律面前，整天提心吊胆，逐步养成了遵守纪律服从命令的好习惯，后来实践证明，这支队伍在航海探险中的素质是最好的。

在航海技术上，亨利也不含糊。他广泛收集了一切可能有用的海图和航海仪器，改装了三角帆快船。终于在1418年，24岁的亨利派出了第一艘探险船。船长扎卡所领的任务是向大海的西部前进，去寻找

早期用于航海探险的三角帆船

如今的旅游胜地——亚速尔群岛

新的陆地，去寻找他想象中的仙境王国。

扎卡走后，亨利天天盼望着早日带来好消息。一个月之后，他就天天登上山顶向大海瞭望，一年以后，扎卡带领探险船回来了，可是却没有带来好消息。原来探险船遇上大风暴，被迫改变了航线，没有发现新大陆，更没有找到黄金遍地银山座座的王国，探险船只发现一个小岛叫波尔图圣蒂。

亨利没有灰心，第二年又派出扎卡去完成任务。这一次略有收获，发现一个小岛，即大西洋中的马德拉群岛。不久，又发现了西北面的亚速尔群岛。这些岛屿立即就成了葡萄牙的领土。许多人来向亨利祝贺，但亨利并不满足，他决心要找到的是那个神秘的王国。

加那利群岛和非洲大陆之间，有相当恐怖的博哈多尔角，这是水手们望而生畏的地方。常年咆哮的海水疯狂地冲击着海角，响声如雷，震耳欲聋，那雪白的惊涛，像魔鬼一样张牙舞爪，使接近海角的人丧魂落魄，闻风丧胆。因此，水手们都把这恐怖的博哈多尔角视为航海者的禁地。

从未出过海的亨利，多次听了水手们的汇报，水手们的看法反而引起他对博哈多尔角的兴趣。他又联想到那个王国，也许就在海角的那一边。于是，他下令船长恩尼斯带领探险船去闯一闯博哈多尔角。

船到了海角附近，只见白浪滔天，汹海澎湃，涛声如雷，令人恐怖，就连富有经验的水手都胆怯了。亨利的纪律此时也不起作用，受骂挨打总比死亡好，他们不愿前进了，无功而返，结果这次闯海角以失败告终。

亨利对此十分愤怒，他撤换了所有水手，命令恩尼斯再次组队去闯这个可怕的海角。1434 年恩尼斯再次出发了。

博哈多尔角风浪依然如故，但水手们不敢违抗命令了，恩尼斯船长谨慎地指挥探险船沿着非洲大陆的海岸行驶，终于顺利地通过博哈多尔角，战胜了那犹如恶魔的浪涛。现在人们知道了这种浪涛形成的原因。原来，那令人恐惧的景象是由于奔涌的海潮受到了浅滩的阻碍而造成的。

博哈多尔角被征服了，但仙境中的王国并没有找到。亨利不断地派出他的探险船，这些船到达了佛得角，绕过了非洲中部，通过了帕尔玛斯角，向东经过了象牙海岸加纳。探险船还在向前探寻着，可是仍然不见王国的踪影。

1460 年，66 岁的亨利带着他对王国的无限向往，离开了人间。只是在他死后不久，他的同胞达·伽马发现一条通向印度的航道。也许，印度就是亨利心目中的天国仙境吧！

亨利建立了世界上第一所航海学校，组织了航海研究所，他管辖的领地大部分税收都用在航海事业上。在 1444 年至 1446 年的两年中，他就批准探险出航 30 次。他本人虽然没有出过一次海，但他毕生的精力都用在了航海探险上。

迪亚士发现好望角

巴托罗缪·迪亚士（约 1451—1500），葡萄牙著名的航海家。1488 年春天，他率领探险队发现了非洲最南端的一个岬角，并将其命名为“风暴角”。回国后，葡萄牙国王若奥二世为了庆祝这一发现，将“风暴角”改称为“好望角”。

你知道吗

“好望角”的真实状况

好望角正位于大西洋和印度洋的汇合处，即非洲南非共和国南部。强劲的西风急流掀起的惊涛骇浪长年不断，这里除风暴为害外，还常常有“杀人浪”出现。这种海浪前部犹如悬崖峭壁，后部则像缓缓的山坡，波高一般有15~20米，在冬季频繁出现，还不时加上极地风引起的旋转浪，当这两种海浪叠加在一起时，海况就更加恶劣，而且这里还有一很强的沿岸流，当浪与流相遇时，整个海面如同开锅似的翻滚，航行到这里的船舶往往遇难，因此，这里成为世界上最危险的航海地段。

这一发现为后来的葡萄牙航海家达·伽马开辟印度新航线奠定了坚实的基础。苏伊士运河开通之前，好望角航线一直是欧洲人前往东方的唯一海上通道。如今，好望角一带成为南非国家公园，一草一木都保持了天然的自然状态。

在冰箱还没有发明的年代，欧洲人储藏食物主要依赖于香料，所以来源于东方的小小胡椒价值甚高。但是，香料、珠宝等贸易长期控制在从事陆路运输的阿拉伯商人手中。为同东方进行贸易往来，欧洲人不得不付出昂贵的代价，他们迫切需要从海上开辟一条通往亚洲的直接贸易通道。

与此同时，葡萄牙作为西欧的

好望角风光

滨海小国，多年战争使国民承受贫苦；作为欧洲较早独立的民族国家，王室决心大力支持航海事业，从海上拓展生存空间。

约1451年，迪亚士出生于葡萄牙贵族世家，青年时代就喜欢海上探险活动，曾随船到过西非的一些国家，积累了丰富的航海经验。因此，迪亚士受国王若奥二世委托，寻找非洲大陆的最南端，开辟一条通往东方的新航路。

经过10个月的准备，迪亚士率两艘轻帆船和一艘补给船，于1487年8月从里斯本出发，沿着非洲西海岸向南驶去。

航行开始时非常顺利，很快到达了非洲西南海岸中部，但是，海岸线迅速模糊起来。为了加快航速，经验丰富的迪亚士下令影响整个船队航行速度的补给船先行返航。

不久，船队在一个岬角处遇到了一场大风暴，咆哮的海浪迎面扑来，把落帆后的船只向西推入了大西洋，因为看不到陆地，船员们不知道自己身在何处，害怕会从地球的边缘滚下去。

船只在海上飘荡了三天三夜后，风暴终于平息下来，迪亚士立即命令掉头向东驶去，行驶了许多天，他们希望能到达非洲海岸，但是没有成功。迪亚士认为他们可能越过了非洲南端，于是决定改向北方行驶，几天后终于在莫塞尔湾登陆，这一地点在现在人们熟知的好望角以东320千米处。

迪亚士航海纪念币

这时，迪亚士发现，海岸线缓缓转向东北，向印度方面伸展过去。他确信，船队已经绕过了非洲最南端，并且进入了印度洋，只要继续向东航行，就一定可以到达神秘的东方。

迪亚士想继续前进，但是船员们已经十分疲倦，强烈要求返航，而且粮食和用品也所剩无几。于是，他怀着极大的遗憾，下令船队返回葡萄牙。

如果迪亚士能够继续前进，他将成为打开东西方海上贸易第一人，但是历史拒绝假设。迪亚士的这一决定，让历史的重大机遇留给了随后开通印度贸易航路的达·伽马。

返航途中，迪亚士又一次经过遇到风暴的那个岬角，此时，正值晴空丽日、风平浪静。望着这个隐藏了多个世纪的壮美岬角，迪亚士感慨万千，为了纪念首航时的惊险经历，便将其取名“风暴角”。这一发现证明了大西洋和印度洋的水是相通的，世界航海探险活动从此步入高峰期。

1488 年 12 月，迪亚士回到里斯本，向若奥二世报告了整个航海过程，国王非常高兴。当听到发现“风暴角”的消息时，国王认为，只要绕过这个风急浪高的海角，就有希望通往美丽富饶的东方，他兴奋地跳起来说：“不，它不叫风暴角，应该叫好望角。从现在开始，印度洋的航线打通了！”

迪亚士纪念碑

自此，葡萄牙的航海事业迅猛发展，很快成为海上第一强国，香料、黄金、奴隶等掠夺式贸易，让葡萄牙进入前所未有的鼎盛时期。随后，西班牙王室也对航海探险倾注了极大热情，葡西两国之间的海上争霸拉开了序幕。

你知道吗

这里的香料指的是什么

香料，英文一般用 spice，指称范围不同，主要指胡椒、丁香、肉豆蔻、肉桂等有芳香气味或防腐功能的热带植物。具有令人愉快的芳香气味，能用于调配香精的化合物或混合物。按其来源有天然香料和合成香料；按其用途有日用化学品用香料、食用香料和烟草香料之分。在化学工业中，全合成香料是作为精细化学品组织生产的。

迪亚士继续默默地进行着海洋探险的壮举，直到 1500 年 5 月，一支 13 艘船的探险队在巴西海岸航行时，4 艘船只不幸失事，其中一艘的船长就是迪亚士。有史学家感慨：“他们被抛进了汪洋大海，成了海中鱼类的食物。我们相信，他们是这里第一批葬身鱼腹的人，因为他们是在从没有人知晓的区域里航行。”

哥伦布发现美洲新大陆

克里斯托弗尔·哥伦布（1451—1506），意大利热那亚人。1492年，哥伦布代表西班牙发现美洲新大陆，作为航海大事件被载入史册。他大器晚成。早年间，他承受了许多挫折，因为坚忍不拔，最终取得荣誉。但是，他贪婪骄傲，热衷于掠取黄金证明自己的价值，终因王室政治几度陷入困境；他固执己见，一直误认为自己到达了印度，却茫然不知这一航海发现的真正意义。

哥伦布画像

当时流行的《马可·波罗游记》中的描述让哥伦布痴迷于富饶的东方，他认为：“黄金值得追求，黄金的力量可以把灵魂从地狱中救出，也可以把灵魂送到天堂。”

尘封了1200多年的古希腊天文学家托勒密的世界地图中，非洲和东南亚大陆连在一起，印度洋是非洲和亚洲包围的内海。哥伦布对此深信不疑，他认为绕道非洲进入印度洋是不可能的，相反，向西航行是到达印度群岛更短的航道，也是唯一的航道。

先后有8年时间，哥伦布不断向热衷于开拓海上事业的葡萄牙国王游说这一观点，希望得到航海赞助，但是一直遭受拒绝。

1492年1月，英勇的西班牙女王伊萨贝拉一世率领10万大军，收复被摩尔人控制8个世纪之久的格拉纳达，西班牙重获统一。政局稳定后，国力发展成为头等大事，王室将目光投向了潜力无限的海洋。

哥伦布得知这一消息后，晋见女王夫妇寻求航海支持，他陈述“地圆说”理论，表示向西航行可以到达东方，获取巨大的贸易利益。

1492年4月17日，西班牙王室与哥伦布签订了一项具有历史意义的协议，哥伦布被任命为海军上将和宫廷贵族，将拥有航海探险中获取财富的1/10，并将拥有所开拓殖民地贸易利润的1/8。

41岁的哥伦布终于等到了梦寐以求的机会。

1492年8月3日，哥伦布怀揣梦想，率领“圣玛利亚”号、“尼亚”号、“平塔”号三艘帆船，以及一支不到90人的队伍，从西班牙帕斯洛港起航了。

哥伦布的主船“圣玛利亚”号模型

哥伦布的航海目标是，向西，向西，穿越大西洋到达印度、中国，带回大量香料、黄金，并因此获得荣誉和地位。他还随身带着西班牙国王致中国大汗的信，却不知道，中国已不再是马可·波罗笔下的元代，而是日新月异的大明王朝了。

从一个不起眼的意大利纺织工到美洲新大陆的发现者，哥伦布的传奇人生一直被人们所津津乐道，然而一项最新研究却颠覆了人们之前对其出身的普遍认识。美国杜克大学研究人员努埃尔·罗萨在其新书中指出，哥伦布并不像是人们所想的那样出身于意大利热那亚一个低下的工匠家庭，而是一位尊贵的王子，他的父亲正是遭流放的波兰国王非拉迪斯拉夫三世。罗萨进一步解释道：哥伦布之所以能说服西班牙国王资助他的大西洋航海之旅，也是因为他的王室背景。他一直对自己的出身讳莫如深，是为了保护自己的父亲。

哥伦布先是沿着非洲西岸向南行驶，小心避开了北大西洋强劲的季风。在加那利群岛休整试航后，9月6日，他命令船队向西。他认为，加那利群岛和日本国在同一纬度上，直接西行可以顺利到达日本。

不久，船队驶入了一片碧绿的“大草原”，风平浪静，仿佛那里是一个死寂的世界，原来那里是北大西洋环流的中心，一种叫做“马尾藻”的海草疯长繁殖，覆盖了方圆数百平方千米的海面。帆船借不到风力，也借不到流速，水草缠绕着桨，船队举步维艰，船员们陷入恐慌。

19天后，他们终于逃离这片魔鬼海域，但前方依然茫茫无际。为了不让船员们丧失信心，哥伦布假造了航海日记，他每天记下的里程比实际的航行距离总是少很多。以至于有的水手提出疑问：已经航行了这么多天，为什么还没有到达日本呢？

10月9日，失望的水手从私下抱怨发展到了公开对抗，他们强烈要求返航，停止这次没有希望的航行，但哥伦布说谁要是反对，就把他扔到大海里去。

哥伦布沉着应对，发表了一次演讲："我原谅你们的烦躁和不安，因为我自己也尝够了焦虑和孤独。我们脚下，简直是一片蓝色的沙漠，从来没有人能够忍受如此长时间的煎熬，你们都是勇士。返航，也是我的愿望。但是，先生们，现在返航我们将一无所有，我敢保证几天内就会发现陆地和黄金。再过7天，如果到达不了陆地，我们一定会返航。"

一场哗变暂时解决了，哥伦布调整了一下航向，朝西偏南航行。10月11日，几只信天翁飞来，海浪送来了一根有树叶的枝条，一根开满花朵的树枝和一块好像人工砍凿过的木头……种种迹象表明，航船向陆地靠近了。10月12日凌晨，一名水手突然高喊起来：陆地，陆地！

曙光乍现，他们到达了一个生长热带森林的海岛。哥伦布激动万分，把这个岛命名为"圣萨尔瓦多"，

海上探险必要的装备

意思是“神圣的救世主”。这是他一生中最辉煌的日子，哥伦布以一个新大陆发现者的身份被载入航海史册。

哥伦布发现美洲

10月12日，这一伟大的日子，后来成为西班牙的国庆日。

哥伦布首次登陆的地方，是美洲佛罗里达外缘，呈弧形展开的巴哈马群岛中的一个小岛。由于地理认知的局限，他一直认为自己发现的是印度群岛，并把这里的土著居民叫作“印第安人”。

初到美洲，哥伦布受到土著居民们迎接天神般的欢迎，他身着海军上将的制服，高举西班牙王室的旗帜，以总督的身份宣布占领这个小岛。善良、质朴、贫乏的印第安人给船员们留下了深刻印象。他们拿出吃的喝的热情地招待船员们，还送来一些大有用途的枯黄叶子作为礼物，这就是后来风靡世界却又毒害全球的烟草。

1493年1月16日，哥伦布带着一点少得可怜的黄金、大量特产和六个印第安人，作为地理发现的证据启程回国。而搁浅滞留的旗舰“圣玛利亚”号、39名志愿者和大炮辎重，则留在了那里。

3月15日，经历多次大风暴的“尼亚”号已破烂不堪，绕经亚速尔群岛、葡萄牙海岸之后，终于回到了出发时的帕斯洛港。戴着金首饰、插着多彩羽毛的印第安人和前所未见的动植物，引起了欧洲人的轰动。

哥伦布受到隆重欢迎，被西班牙王室封为海军司令和新发现陆地的总督，他的成就和声誉一时传遍欧洲。

为了继续航海，他欺骗王室说，这次航行已经离中国海岸不远，只要多给一些赞助，黄金、香料、棉花和奴隶等要多少就有多少。

1493年9月25日，哥伦布的第二次探险从加的斯港出发，这次他带了17艘大帆船和2000名左右的船员。在加勒比海发现了多米尼岛、瓜德罗普岛、圣克罗伊岛等之后，带着没有发现黄金的遗憾，他们回到了海地岛。

令人震惊的是，此前建立的殖民地荡然无存，原来，留守人员凭借武器和堡垒无恶不作，被激怒的印第安人奋起反抗，驻留的船员被一一杀死。哥伦布迅速重建了一个以女王命名的殖民点“伊萨贝拉”，并开始了一场血腥的屠杀。9个月后，印第安人全线溃退，残存的土著或背井离乡逃进深山老林，或被俘沦为奴隶，还有一部分染上了欧洲人带来的天花悲惨地死去。50年后，海地岛土著居民全部灭绝。

如今的海地城市

你知道吗

现在的海地岛

海地岛又名伊斯帕尼奥拉岛，是加勒比海中第二大岛，仅次于古巴，面积76480平方千米，人口1700多万人，分属海地和多米尼加共和国。该岛位于古巴南边，波多黎各的西边。

哥伦布运回西班牙很少的黄金、铜矿、木材和奴隶，与王室的投资相比微不足道。因此，1498年5月30日出发的第三次探险，只得到6艘帆船和300多名由苦役犯组建的船队。这一次航线靠近赤道，6月30日发现了一个命名为“特立尼达”的大岛，继而进入横贯南美委内瑞拉的奥里诺科阿河的河口，南美大陆进入了欧洲人的视线。

随后，海地岛发生了白人暴动，移民生活艰苦，很多人联名告发哥伦布管理无能。同时，达·伽马抵达印度的消息传来，那里有王宫建筑、香料、宝石，是真正的繁华宝藏。相比之下，哥伦布发现的只是赤裸的原始人和无名荒岛。

1500年，王室任命了一位新总督，接管了哥伦布的要塞和船只，没收了他的房产和财物，并将他戴上镣铐押送回国。

哥伦布雕像

哥伦布先后进行四次航行探险，对人类航海事业的开拓功不可没。是他，第一次横渡大西洋，穿越了热带和亚热带的海域；是他，第一个进入了具有美洲地中海之称的加勒比海，发现了大安的列斯群岛；是他，奠定了发现美洲大陆的基础，为欧洲殖民者开辟了通往美洲进行殖民掠夺的新航线。他是为资产阶级的兴起和发展做出了重大贡献的伟大航海家。他虽然没有找到印度大陆，但却发现了美洲。

哥伦布的航海探险，给欧洲人的饮食带来了革命。15世纪以前，欧洲人的食谱简单枯燥。一贫如洗的农民只有黑面包充饥，上层人物也只有面包、卷心菜和奶酪，蔬菜品种寥寥无几。1493年，哥伦布从印第安人那里带回来大量的土豆、玉米辣椒、南瓜、西红柿以及菠萝、香蕉等等。这使欧洲人大开眼界，一场餐桌上的革命之风席卷欧洲，继而刮到全球。什么汉堡包、比萨饼、沙拉等等，都是从那个时候流行起来的。

哥伦布开辟了欧洲到美洲的航线，发现了新大陆，在航海史上留下了光辉的一页。

哥伦布带回的奴隶特产和财宝

达·伽马开拓新的贸易路线

1495年，26岁的曼努埃尔一世当上了葡萄牙国王。他是若奥二世的远房亲戚，由于他意外地继承了那么多的财产、权势和不平凡的事业，人们称他为“幸运之王”。

然而，西班牙的成功直接刺激着葡萄牙的神经。

新上任的曼努埃尔一世勇敢自信，野心勃勃，决心从海上打通直达印度的“贸易之路”，即使是一条血腥的“征服之路”，也在所不惜。他对那些已经赢得声望的探险家们，保持着小心谨慎的态度，却在他身边忠诚、老练的家臣中遴选新的探险领导人。

瓦斯科·达·伽马因此脱颖而出。

达·伽马航线

事实证明，曼努埃尔一世的选择完全正确。

新的航道探险，不只航期长，航程远，而且要面对一个完全陌生的世界。它需要一个集航海家与外交家才能于一身的人。有关记载表明：达·伽马脾气暴躁，冷酷无情，但他勇敢坚定，目光远大，并且熟悉宫廷生活，这正是同粗俗的水手和傲慢的君主打交道所必需的特质。

1497 年 7 月 8 日，新的探险船队从里斯本港口出发。

达·伽马带领船员在亨利王子创建的伯利恒圣母堂做了祈祷，然后，高举着象征光明的烛炬，在里斯本街道上缓慢通过。基督教教士们也手持烛炬为他们送行，码头上人山人海，船队在一片祝福的哭声中缓缓启程。

他带领着四艘船：两艘是载重约 100 吨的吃水甚浅的方桅船，一艘是载重 50 吨的三角帆轻帆船，还有一艘载重约 200 吨的运输船。船员将近 170 人，其中有 10 多名是在紧急情况下可以派上用场的死刑犯。

他携带了足够维持三年的食品，携带了用作礼品和商品的玻璃珠、帽子、铜铃铛和条纹布，也携带了足量的大炮和弹药。

达伽马雕像

船队直驶佛得角，然后沿着非洲西海岸朝东南方向前进。值得注意的是：发现了好望角的迪亚士，此时被任命为黄金海岸米纳堡的首领，正好与他同行。

达·伽马的特点在于，他不只有敏锐的判断力，而且有把敏锐的判断转化为行动的胆量和决心。他肯定是接受了前辈探险家的经验和教训，但只有他而不是别人，才能把这种经验和教训转化成为一种天才的创造。这就是名垂青史的“达·伽马航线”。

航行到大约北纬 5° 的地方，他突然做出了一个大胆的富有想象力的决定：航船离开非洲海岸，向西南方向行驶。

西南方向，是茫无边际的未知海域。

一天过去了，又一天过去了，两个月后，船员们惊慌失措了，然而达·伽马坚定不移，他是一个独裁而且冷酷的人。

航船继续向西南航行，四周不见陆地，没有人知道他的航船走了多远，据估计，他已经到达了南美洲巴西海岸最近的海域，因为达·伽马估计是走了 8000 里路，这就是说，大约走了 4000 千米，而哥伦布的首次横越也只花了 36 天。

这样，他不只成功地避开几内亚湾广阔的无风带和险恶的海流，避开了非洲沿岸的近岸逆流和近岸逆风，而且成功地利用了南太平洋的西风漂流。当西风飒飒而来之时，他突然命令船头一转，顺水顺风地驶向东南，不久，他到达了好望角北部不远的圣赫勒拿湾。航期93天。

他们在大西洋中划了一道美丽的弧线，人们称它为“达·伽马航线”，这是一条帆船时代的后代航海者所必须遵循的“经典航线”。

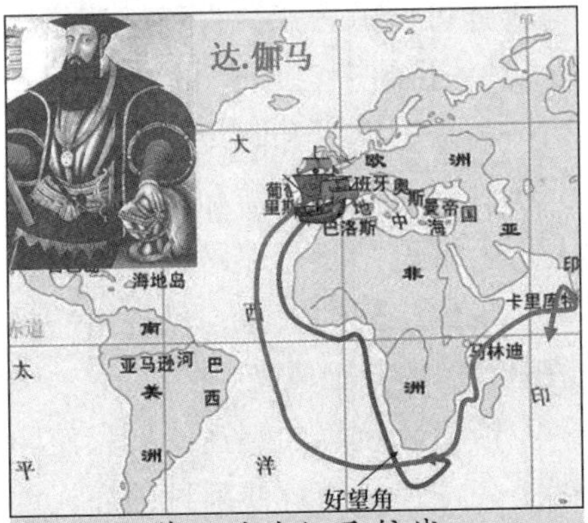

著名的达伽马航线

他登上海岸，看见了几个几乎一丝不挂的土著居民，皮肤像“干黄的树叶颜色”。他们补足了淡水，成功地绕过了好望角，在牧人港抛锚。

葡萄牙人用几顶红帽子和几件衣服，从牧人手里换取了一头肥羊和几串象牙手镯。

探险船沿着非洲东岸向北前进，到达了繁荣的莫桑比克，这里是伊斯兰教的天下，许多阿拉伯单桅船停泊在这里，运来香料和丝绸，运走黄金、象牙、琥珀和黑人奴隶。

达·伽马喜出望外，他雇请了两名领航员，他深信此处已离印度不远。

当地的头人称做“谢赫”，出面欢迎了他们。当“谢赫”知道他们不是穆斯林，而是来自葡萄牙的基督教徒时，亲善很快地变成了仇视和敌对。达·伽马用火炮轰击了他们的城堡，抢夺了一些淡水，洗劫了海边阿拉伯航船的财物，然后继续北航。

你知道吗

什么是“穆斯林”

穆斯林：意思是顺服伊斯兰教的神安拉的人。这是伊斯兰一词的主动分词。一般提到的穆斯林都是泛指伊斯兰教徒。此外，穆斯林也可以指现今的伊斯兰国家或中世纪的阿拉伯帝国。2009年，穆斯林总人数是15.7亿，占全世界的23%。

4月7日，他们到达了“蒙巴萨”。这是80年前，中国人民的友好使者郑和到达过的地方。这里的“谢赫”也不欢迎这些西方世界的使者，他们同莫桑比克领航员串通一气，使达·伽马的船只迷航。达·伽马愤怒了，他严刑拷打这些可怜的俘虏，用烧开的油浇淋他们赤裸的肉体，直到他们跳海而死。

他们袭击了一艘阿拉伯商船，俘获了18名男女，继续前进。

4月14日，达·伽马在马林迪海湾抛锚停泊，这也是当年郑和到达过的地方，称它为“麻林国”。

马林迪国王穿着花缎长袍，热情地接待了他们，举行了长达9天的庆典，并且为他们提供了一位优秀的领航员。因为，马林迪是蒙巴萨的仇敌。

领航人名叫马德内德，他是当时著名的阿拉伯航海家和大学者，写了许多有关航海理论和领航知识的书籍。

“不要靠近海岸，是的，我的朋友，不要靠近海岸！”马德内德悠然地说，“而要驶进海洋，只要海浪不吞噬你，你就到达印度了！”

23天后，一抹蓝烟笼罩的海岸线在前方出现。高耸入云的椰子树，郁郁葱葱的热带植物，以及伸入海中的碧绿的岩壁，展现出一幅幅异国情调的风景画，水手们禁不住欢呼起来。

“不，这里不是你们要找的海岸，”马德内德仍然是那么胸有成竹，“你们要继续向南，向南！”

三天以后，他们到达了卡利卡特城，这也是郑和多次到达的地方，当时叫它“古里”。而现在，则翻译为“科泽科德”。

卡利卡特是印度半岛西海岸最大的通商口岸，货物的堆栈沿海岸线展开，密密麻麻，各种各样的建筑物从码头附近一直延伸到水面。街道上商品琳琅满目，有芳香四溢的胡椒、丁香、肉桂、樟脑，有光彩熠熠的金银、玛瑙和印度宝石，有新鲜可口的芒果、柠檬、椰子、香蕉，还有来自中国的瓷器、丝绸……东方商人和阿拉伯商人在讨价还价，伊斯兰教徒和佛教僧侣在大街上游逛，还有那昂首开屏的孔雀，步伐悠闲的大象，呈现出一派情趣盎然的异国风光……

葡萄牙航船的到达，不只使印度王公震惊，而且使阿拉伯商人震惊。

“老天爷，是什么魔鬼把你们带到这里来的？”一位负责接待他们的阿拉伯人问道，“你们远涉重洋，到这样遥远的地方来干什么？”

达·伽马派出的人回答：“我们奉葡萄牙国王的命令，寻找远方的基督教徒和香料。”

“那么，为什么卡斯蒂国王，或者法兰西国王，或者威尼斯的统

卡利卡特穆斯林寺庙

领不派人来呢？”

“因为，我们的葡萄牙国王不容许他们这样做。”

阿拉伯人想了想，说：“这也许是对的。”

阿拉伯人用麦饼和蜜糖招待了他们，然后随他们到了船上，其中一个阿拉伯人居然用葡萄牙语说话了：

“欢迎，欢迎，来自葡萄牙的使者，你们真幸运，真幸运！这里的红宝石、绿宝石多得很，你们真该感谢上帝，把你们带到了有这些珍宝的国家！”

这真叫达·伽马大吃一惊。

事实证明：阿拉伯商人并没有真心欢迎他们，随后，他们成了势不两立的仇人。

当时达·伽马为卡利卡特国王准备了一份礼物：

条纹面布 12 匹；

红呢披肩 4 条；

帽子 6 顶；

珊瑚 4 串；

金属锅 6 个；

橄榄油 2 桶；

蜜糖 2 桶。

国王的管家看了，哈哈大笑起来。

“先生们，这是你们的君主，一个远方大国的君主给我们国王的礼物吗？也许，你是在打发一个非洲的土著酋长吧？一个来自麦加的普通商人，也不会像你们这样寒酸！”

达·伽马不卑不亢地说：“我的国王没有预计到我会来到你们这样一个伟大的国家，管家大人，这只是我个人的一点心意。我要提醒管家大人的是：我是使节，不是市侩。我们对贵国的尊重和友好情谊，是不能用市侩的黄金来衡量的。”

他的回答当然很得体。

5 月 28 日，200 名仪仗队员在前面开路，达·伽马坐着六人大轿来到王宫，国王懒洋洋地躺在铺着绿色天鹅绒的卧榻上，对他表示欢迎。

国王的手臂、手指和脚踝上，戴满了镶嵌宝石的镯子和戒指，嘴里不停地嚼着槟榔，身边放着一个又大又薄的金盂，可容半斗。他不停地把槟榔渣滓吐在金盂里。

达·伽马不失时机地向国王表示歉意，申述了礼物微薄的原因，强调他的主要任务只是察访和发现。

国王仍然耿耿于怀，反问道：

达伽马纪念金币

“你们打算要发现什么——人，还是石头？”

不过国王还是同意他们卸下货物，参加当地的贸易。

问题是，他们带来的玻璃珠、红帽子，只能哄骗非洲的土著，在这里却无人理睬，条纹布也无人问津，最后，他们不得不用铜、水银、珊瑚，才换到了一些廉价的香料。

两个多月过去了，达·伽马准备离开这里，但是，当地人要求达·伽马交纳 600 金的关税，否则，将查封葡萄牙人货栈的货物，扣留葡萄牙的岸上人员。

由于阿拉伯人的唆使，印度人的态度也发生了变化，达·伽马敏锐地感觉到：一场阴谋策划的危险正在向他的船队迫近。

这时候，达·伽马果敢的品质再次得以彰显，他立即扣押了六名印度贵族，作为人质，并且将船只驶离容易受到攻击的海岸。

卡利卡特国王不得不答应他的要求，把扣留的人员和货物送到船上，并且，还带来了一封写给葡萄牙国王的国书。信上说：“贵国大臣达·伽马来到我国，我们对他很喜欢。在我们国家里，有很多肉桂、丁香、生姜、胡椒以及各种宝石，而我们所需要的，是你们的黄金、白银、珊瑚和红色呢绒……”

8 月 29 日，达·伽马离开了卡利卡特。他并没有放回全部人质，有些资料说，他把这些人质看得比丢失的货物更为重要。

由于风力不大，风向又反复无常，航船慢悠悠地沿着印度海岸向北行驶。

10 月初，开始横越印度洋。一位不知名的同行船员，留下了一份珍贵的笔记，记载了这一段艰苦的航行：

我们逗留在海上，总共三个月少三天，因为常常碰到无风和逆风。我们海员们生着重病，牙床肿得很厉害，以致全部牙齿被包住，因而我们不能吃东西；脚也浮肿起来，身体上又出现了大脓疮，这些脓疮

航行中的帆船

使健壮男人即使没有什么别的病，也变得虚弱，以至死亡。因此，在此时期死去者有30人（另有这么多人早已死去）。最后，每只船上只留下七八人还能服务，但是都已很不健康。而且，如果这种情况再继续两周，我们不是全部死亡，便是再退回到印度去。须知我们已到了这样地步，即不管什么纪律都已不复存在了……

次年1月初，他们到达了非洲海岸。达·伽马下令烧掉了一艘船，因为，剩下的船员已不到原来的一半，特别是缺少驾驶船只的水手。达·伽马驾着一艘快艇，日夜兼程，想把他病得快要死了的弟弟运回故土，但是，他还是死在茫茫大西洋中的亚速尔群岛上。

1499年8月底，达·伽马抵达里斯本，他受到了英雄凯旋式的盛大欢迎。据统计，达·伽马率领的170人，只有55个历尽风波的幸存者得以生还！不过，他带回的丝绸、香料、象牙，获得了60倍的利润。一位历史学家这样写道：

虽然宫廷里狂欢一片，但是在海岸边简陋的房子里却充满了无穷无尽的痛苦和哭泣声，曾经在这座房子里住过的年轻人，现在沉睡在人们不知的海岸上的坟墓里，或者沉没在大海的海底。不论在宫廷还是在教堂，没有人赞扬他们的功绩，也没有人为他们树碑立传……但是他们是这次探险的中坚……尽管我们不知道他们的姓名，但是他们与瓦斯科·达·伽马一样，是发现通往印度航线的英雄。

在美国人的心目中，哥伦布的赫赫声名，足以掩盖所有其他的探险英雄，然而达·伽马航行所取得的直接成就，是哥伦布航行所不能比拟的。

哥伦布扬言要找到日本与印度的神仙之乡，实际上他所到之处只是一些不能确知的荒芜海岸，他主动提出要找到一个金矿，实际上他只是抢劫了印第安人的家私，他的事业只是在几十年以后才出乎意料地得到报偿，达·伽马则不然。

达·伽马的目的首先是要找到富庶的东方，找到真正的印度，找到香料和珠宝，他做到了！继而，他提出要阻止阿拉伯和热那亚、威尼斯商人对东方贸易的垄断，并且进而垄断贸易，他也做到了！

你知道吗

热那亚在哪里

热那亚是意大利最大商港和重要工业中心，利古里亚大区和同名省热那亚省的首府。位于意大利西北部，利古里亚海热那亚

财富是西方探险家的最直接动力

湾北岸。热那亚历史悠久，曾是海洋霸主热那亚共和国的首都，2004年热那亚被选为当年的“欧洲文化首都”。热那亚还是著名航海家克里斯托弗·哥伦布和小提琴大师尼科罗·帕格尼尼的家乡。热那亚及其所在的利古里亚海岸沿岸为著名旅游胜地。

哥伦布的首航，顺风扬帆，航程4600千米，航期36天，迫不及待的水手还举行过一次使哥伦布惊慌失措的哗变。达·伽马不顾危险地回旋航行，仅大西洋航程，近7000千米，航期93天；到达印度，航程近2万千米，航期319天，达·伽马指挥若定，部下精诚团结，这也是哥伦布所不可想象的。

至于沿途达·伽马在莫桑比克、蒙巴萨、马林迪等持敌对态度的穆斯林统治者中游说，与阿拉伯商人、印度王公贵族周旋，折冲樽俎，叱咤风云，展示了相当高水平的外交家风貌，相形之下，哥伦布对于文明程度很低的印第安人的蒙哄、欺骗、敲诈、勒索，就形同儿戏了。

探险英雄中，有幸能享受自己的胜利果实者为数不多，达·伽马就是其中之一。他的航行终于证实了东西方之间确有海路可通，从而改变了东方和西方的历史进程。

不过，达·伽马的强暴和残忍也是无与伦比的。

1502年2月，他再次从里斯本

贪得无厌的达伽马在海上抢劫

出航。他率领了一支有战斗力的舰队，决心把卡利卡特变为葡萄牙的殖民地。

在印度海岸马拉巴尔附近，他们袭击了一艘阿拉伯单桅大帆船。船上载着400名赴麦加朝圣的穆斯林，达·伽马洗劫了船上乘客的全部财物，那是1.2万枚金币，还有至少价值1万金币的货物，然后放火烧船，那些不幸的人冲出救火，达·伽马下令瞄准射击，并再次放火烧船，这一场惨绝人寰的力量悬殊的搏斗，进行了四天四夜，直到他们全被烧死或淹死为止。

10月底，他们炮轰卡利卡特，命令国王投降，他们把随意抓来的38名渔民吊死，然后把他们的手、足、头砍下送到岸上，伽马还给那位曾经懒散地在卧榻上接待过他的国王写了一封恫吓信，要国王用他子民的碎尸做一道咖喱菜肴。

他用七艘船封锁卡利卡特，然后，派船到附近的柯钦、马纳巴尔去抢劫香料。

1503年，当伽马带着抢劫来的满船满船的贵重货物回国时，他留下了五艘船舰，由他的舅父维森迪·苏特雷统辖，这是欧洲人在亚洲海域布置的第一支海军，它巡航于亚丁湾附近海域，专门抢劫从红海驶往印度海岸的船只，由埃及商人、意大利商人长期控制的东西方贸易从此土崩瓦解。

1507年，葡萄牙的第一位总督阿尔梅达摧毁了穆斯林舰队，1509年，葡萄牙占领了通往波斯的门户——霍尔木兹。

1510年，葡萄牙两次攻占印度重镇果阿，至少屠杀了6000名平民，最后把它定为葡萄牙殖民地的首府。

1511年，葡萄牙人攻占了马六甲，抢劫了折合黄金5.3万克的财物，并且控制了东亚和南亚的通道。

从此，葡萄牙人牢牢地掌握着“东航的钥匙”，成了16世纪最强大的海上王国，并且把这个霸权地位保持了90年之久。

达伽马的棺材

从此，亚洲的货物不必经过波斯湾、红海、地中海，而是通过葡萄牙商船，绕过好望角，进入欧洲；亚洲的财富，即神话中的东方宝藏，连同亚洲人民的血汗，也源源不断地进入欧洲。

从此，商业集散地与文化传播中心，再也不是封闭的地中海，而转移到辽阔的大西洋和遍及世界的一望无际的各大洋海岸了。

1524年，达·伽马被任命为印度副王，同年，死于印度的柯钦。

麦哲伦领导第一次环球航行

斐尔南德·麦哲伦（1480—1521），葡萄牙人，却代表西班牙领导了伟大的环球航海大事件。从1519年9月20日到1522年9月5日，航期1080个昼夜，出航时有5艘帆船和265名船员，但最后只有18位幸存者和一艘破船回到了西班牙，麦哲伦本人也永远地留在了菲律宾的马克坦岛。

1480年，麦哲伦生于葡萄牙沙布洛扎一个衰落的贵族家庭，幼年做过王室的童仆，不到16岁就成为一名士兵；之后，在航海部门学到

麦哲伦像

许多知识,多次随船队去印度远航。他征战多年，重伤三次，却一直是个上尉。

你知道吗

上尉的地位

上尉，一些国家军队中尉级军官的军衔称号。世界各国的军衔体系中，都设有上尉军衔。在绝大多数不设大尉军衔的国家，上尉是尉官的最高级别。中国军衔制历史中，中华民国北洋政府时期、国民政府时期和中华人民共和国军队都有设立上尉军衔。

36岁时，在与摩洛哥一次战斗中受伤成了瘸子后，生活困难的麦哲伦请求国家增加抚恤金，却遭到了拒绝。他又请求准许自己率领一支船队去东印度群岛，也没有得到恩准。贫病交加的麦哲伦没有丧失斗志，受到哥伦布事迹的启示，他开始了环航地球的伟大计划。

军人和船员的经历，让他掌握了操纵帆船的本领，能够熟练使用罗盘、海图等各种仪器，他还可以正确地观测天文星座，同时拥有丰富的军事技能，并能够灵活操纵火炮。麦哲伦并没有急功近利，他花费一年多时间广泛查阅航海资料，自制了一个地球仪，在上面画出了设想中的环球路线。

然而，当麦哲伦告诉国王曼纽尔这一宏伟计划时，葡萄牙王室认为已经控制了东方贸易，没有必要再去开辟新航路了。他屡次遭受祖国冷遇后，于1517年秋天来到了西班牙。

1518年3月18日，西班牙国王查理一世接见了麦哲伦。他呈上了那个彩色的地球仪，并热情洋溢地游说："国王陛下，地球一定是圆的，大海的尽头并不是黑暗的深渊。盛产香料的群岛之国在地球分界线的西班牙这边，而向东航行的葡萄牙已经到达了那里。我们为什么不能向西航行，在大西洋和未知大洋之间的新大陆上穿越一条海峡到达中国和印度，夺回属于自己的利益？"

急于和葡萄牙海上竞争的国王同意了这一设想，下令提供船只、船员、粮食和武器，全力支持这次探险行动。西班牙王室与麦哲伦签署了一个协议，任命他为一切新发现陆地和岛屿的总督。

一夜之间，麦哲伦成为西班牙海军上将,终于掌握了自己的命运，可以统率一支船队追求梦想了。

1519年9月20日，麦哲伦率领5艘帆船从塞维利亚港出发了，船的名字分别是旗舰"特立尼达"号、

“维多利亚”号、“圣安东尼”号、“康赛普西翁”号和“圣地亚哥”号，随行的265名船员带有长刀短剑，还配备了火枪、火炮；除了水和食物，也搭载了数量可观的货物。

12月13日，船队顺利到达巴西的里约热内卢。休整两星期后，他们绕过乌拉圭东南的圣玛丽亚角，来到了拉普拉塔河口，沿水道航行两天后进入淡水区。他们大失所望，只能返回海岸继续寻找那条穿越美洲大陆的海峡。

麦哲伦旗舰“特立尼达”号模型

冬季来临，航行越加艰难。1520年3月，船队经过南美的圣马提阿斯湾后，进入南纬40°一个平静海湾过冬，麦哲伦称之为“圣胡利安港”。

这期间，一场叛乱发生了。由于长时间找不到海峡，食物稀缺开始定量供给，船员们情绪非常低落，许多人要求返航，两位船长想趁机夺取船队指挥权。4月2日清晨，麦哲伦一觉醒来，发现有3艘船已经被叛乱者控制。他临危镇定，机智处置了领头的船长，并宽恕了随从的船员。这一事件之后，麦哲伦威信大增，在精心安排下，船队平安地度过了南半球的严冬。

5个月后，春回大地，船队向西南航行。1520年10月21日，他们在南纬52°附近发现了一个海峡，麦哲伦担心又是淡水河入海口，派出两艘船前往探航。4天后，好消息传来，他们找到了真正的海峡。

这条人迹罕至的大峡谷，位于南美洲南端和火地岛、克拉伦斯岛、圣伊内斯岛之间，东西长580千米，东接大西洋，西连太平洋，是联通两大洋之间的重要航道，被命名为“麦哲伦海峡”。

海峡迂回曲折、地形险恶，小岛、浅滩、支流错综复杂，不时有狂风巨浪，对航海技术是一个极大挑战。船非常笨重，船员们疲惫不堪，有一艘派出的探航船望而却步，偷偷驶回了西班牙；麦哲伦还以为发生了事故，四处寻找它白白浪费了3个星期的时间。由于叛逃船只带走了大部分供应品，接下来的航程更加艰难，麦哲伦毫不动摇，继续前进。

1520年11月28日，船队终于穿越海峡，进入了一个浩渺平静的大洋，这是麦哲伦一生中最伟大的时刻。他告诉随行的伙伴们："我们正驶向一个未知的海域，但愿它永远像今天早晨这样平静。为此，我将命名这个大洋为'太平洋'。"

由于没有海图和数据，麦哲伦不知道太平洋有多大，淡水和食物没有及时补充。当他们离开智利海岸向西驶向大洋时，这段旅程成为了世界航海史上骇人听闻的苦难经历。

数月之间，船员们看不到任何陆地或岛屿，船只仿佛在一望无际的蓝色沙漠中沉浮，饥饿成为最大的问题。一名叫皮加费塔的船员这样记录："面包干也吃不到了，我们只能吃带有小虫子的面包屑，喝发酵了多少天的黄浊浑水，还经常吃木头的锯末。也不得不吃了横桁上的牛皮，把牛皮浸泡在海水中，四五天时间后，放在炭火上烤几分钟后食用。大老鼠的价钱是半个杜卡特一只，还是买不到。"

麦哲伦战死处

许多船员得了坏血病，有19人丧身太平洋。3个月20天后，剩余的人经过约1.7万千米航程，到达北太平洋的关岛，在这样一个盛产可可、甘蔗、香蕉、薯类的岛屿时，幸存的船员得救了。这是一段史无前例的航海壮举。

你知道吗

什么是坏血病

坏血病是由于人体缺乏维生素C所引起的疾病。长期摄入不足或腹泻、呕吐等情况，都可造成缺乏维生素C，使胶原蛋白不能正常合成导致细胞联结障碍，使毛细血管的脆性增加，从而引起皮、黏膜下出血，医学上称为坏血病。坏血病也可见于喂养不当的婴幼儿。

1521年4月，船队西行很快到达了菲律宾群岛，他们找到了盛产香料的国度,麦哲伦决定大干一场，在这片土地上建立殖民地，兑现对西班牙王室的承诺。

在宿务岛进行了一场军事演习后，该岛首领亨马旁纳率众接受了基督教洗礼，表示效忠西班牙。麦哲伦又企图让周围各岛效仿宿务岛，遭到拒绝后，决定进攻最顽固的马克坦岛。

拂晓时分，60 人的队伍乘小艇登上了马克坦岛，该岛首领拉普拉普率众顽强抵抗。虽然，麦哲伦拥有武器优势，火炮发射后对方四散奔跑，但是更多的土著人拿盾牌护身，投掷出密集的毒箭、竹矛、棍棒、石头进行反抗。当离岸更远，船上的火炮不能发挥威力时，麦哲伦右脚中了毒箭，并被认出了指挥官的身份。更多敌人向他扑来，激战 1 小时后，麦哲伦和几名随从在围攻中屡受重伤，当场战死。

已经降服的宿务岛人也改变了态度，他们假意邀请船队的 20 多名军官赴宴，把他们全部杀死了。船队剩余的 115 人在烧掉一艘船后，乘坐“特立尼达”号和“维多利亚”号两艘帆船离开。

麦哲伦以不屈的精神为地理大发现做出了伟大贡献，却因为殖民主义者的野蛮行为受到了惩罚。战死时他年仅 41 岁。

德尔·卡诺船长成为船队临时指挥官，他们狼狈不堪，在群岛中探索航行。直到半年后的 11 月，在一名向导指引下抵达马鲁古群岛。他们采购了大批丁香、生姜、肉桂、胡椒和热带水果。当旗舰“特立尼达”号出现故障时，胆小的卡诺船长害怕遇到葡萄牙人，留下一部分人后，于 1521 年 12 月 21 日率领“维多利亚”号返程回国。

1522 年 7 月，绕过好望角的航船到达佛得角群岛，不得不停泊在了葡萄牙人的海关，卡诺极力让当局相信他们来自新大陆，并获得了补充的食物。但是，一名水手无意泄露了麦哲伦的故事，愤怒的葡萄牙人扣留了 13 名水手，侥幸逃脱的卡诺对同伴弃之不顾，扬帆而去。

1522 年 9 月 6 日，破旧不堪的“维多利亚”号帆船和绝地逢生的 18 名水手，终于回到了塞维利亚港。人类历史首次环球航行完成了，“地球是圆的”这一假想，也得到了证实。

完成第一次环球航行的维多利亚号

首航归来的 18 名幸运者卖掉了香料等货物，他们得到了数十倍的利润成了富人。卡诺船长还得到了国王颁发的一枚盾形勋章，上面刻有一个地球仪和一行文字：您是绕着我航行的第一人！

或许，这些荣誉本该由死于异乡的麦哲伦亲自领受。

德雷克——完成第二次环球航行

16世纪是西班牙人、葡萄牙人在海上称霸的时代。是不是其他欧洲国家都服帖呢？不是的，英国就反对他们海上称霸，英国女王伊丽莎白就支持英国的海盗们去攻打和袭击西班牙人的船队。其中最著名的海盗中就有德雷克，在他的抢劫生涯中无意中有不少地理发现，并在人类历史上第二次实现了环球航行，从而成为著名的航海家。

你知道吗

海盗德里克是什么样的人

德雷克生于1540年，13岁就开始在海上活动。他性情狂暴，孤僻而又多疑，有强烈的权威欲。他是英国有名海盗豪金斯手下的小人物。在一次跟西班牙人的战斗中，豪金斯船队因战败而覆灭，唯有德雷克指挥的船逃脱，从此他成了海盗中响当当的人物。

1572年，他奉女王伊丽莎白之命，率船队出海，有权劫掠西班牙的船只和土地。在攻打巴拿马的农布雷·德迪奥斯城时，虽然受伤，仍掳获大量财富。在巴拿马地峡的山冈上他望见了太平洋。

1577年，德雷克在英国女王资助下，率领4艘船，去进行他生平最大的一次冒险：穿过麦哲伦海峡，到美洲太平洋沿岸劫掠西班牙人的运金船。第二年6月，他来到麦哲伦停泊过的圣胡利安湾。为了树立

德雷克出身海盗

他的权威，他将被猜疑要叛乱的一位军官当众斩首，并将人头挂在桅杆上示众3天。

他们用近20天时间穿过了麦哲伦海峡，驶进了太平洋，但他们没有麦哲伦的好运，而是受到了风暴的迎接。天昏海暗，狂涛滔天，白天不见日光，夜晚不见星月，整整折腾了52个昼夜。一艘船失踪了，另一艘船因被刮回麦哲伦海峡而被迫回国，还有一艘损坏沉没。4艘船中只剩下德雷克指挥的“金鹿”号了。

“金鹿”号一个劲儿被南风刮到了火地岛的南部，结果意外地发现，火地岛不是大陆一个角，而是一个岛，在南面是无边无际的大洋。德雷克发现的南美洲与南极洲之间的海峡，后来被人们称为德雷克海峡。

风暴平息之后，他们就沿美洲北岸干起老本行来了。德雷克看中了西班牙人的一个小城，夜间突然冲进去抢走金银财宝。第二天夜里，他们又在海湾里劫持了一条西班牙船，从船上获得一张西班牙人制作的地图。智利海岸是朝西北延伸的，他到那里一看，根本不对，智利是南北垂直的，他就在地图上改正过来，一下子“割掉”了几万平方千米的土地。这就是他的第二个发现。

在利马港，德雷克发现有30多艘西班牙船，他就有意把船开进港湾内，派暗探打听这些船的动向。暗探对德雷克说，有艘西班牙的运金船，要到巴拿马去。德雷克一听大喜，立即吩咐盯上这艘船。

西班牙人做梦也没有想到，美洲太平洋北岸会出现英国人，这条航线一直是太平无事的，因此毫无戒备。这艘运金船出发之后，西班牙没有派军舰保护，而是单独行动，这就使德雷克有机可乘了。第二天，他们升帆起航就追上了西班牙的那艘运金船。经过一场较量，西班牙船打不过海盗，只好投降，德雷克劫得许多宝石，还有36千克黄金、26袋银锭、13箱银币，然后扬长而去。至此，德雷克基本完成了女王交给的任务。

德雷克劫了西班牙的运金船之后，也担心西班牙舰队会来搜捕，因此不敢从原路返回，而是沿着美洲西岸北上，绕过美洲北端返回英国。但当他们到美洲北纬42°海岸时，遇到了严寒、大雪和风暴，昏天黑地，无法测定船位，最后只好原路退回今天的旧金山附近。

船已破烂，需要修理，只好在岛上搭起临时草棚，安置休整。他们的警惕性很高，用铲子在周围筑工事。赤身裸体的印第安人对他们的到来很惊奇，用草编织裙子的妇女，把这群海盗当成仙客，给他们送去五彩羽毛和烟草。

德雷克像

有一天，岛上的酋长突然带着一队头戴毛帽身披皮斗篷的武士，来见德雷克。德雷克有些紧张，不知这酋长带这么多人想干什么？好猜疑的德雷克正要伸手握住剑柄时，酋长突然跪下，用难以听懂的话叽里咕噜说了许久，态度诚恳而友善，不见有恶意。船上一个能听懂印第安语的船员，马上开心地对德雷克说："他们的首领要求把这片土地划为英国保护区。"站在酋长跟前的一个印第安人，把一根黑色木头制的王笏交给德雷克，王笏上拴着3根鞭绳、3条骨制的链条和1个烟袋。王笏就像是中国皇帝的大印，象征着权力。德雷克代表英女王接过王笏，把这一地区命名为阿尔彼荣之地。

德雷克真没有想到肥肉会喂到嘴里，不由万分喜悦，立即在海岸边上竖起石碑，镶上一块铜牌，上面刻着伊丽莎白女王的名字、到这里的日期以及当地土著人自愿服从女王统治的字样；下面还镶上一枚铸有女王头像和国徽的钱币，同时也刻着德雷克的名字。

德雷克既捞到金银，又捞到领地，目的完全达到，因此他开始返航。穿过太平洋，航行68天后，到了马里亚纳群岛，不久又到了马鲁古群岛中德那第岛。1580年9月底，"金鹿"号回到英国普利茅斯港，历时2年零10个月，成为环航世界的第一个英国船长。德雷克完成了第二次环球航行，为英国在海上扩张，跟西班牙、葡萄牙掠夺殖民地开辟了秘密航线。

德雷克冒险成功，得到了英国女王的赏识，获得了男爵称号。女王还跟他在王宫花园散步，并在"金鹿"号大摆宴席。德雷克抢劫来的财宝，先让女王挑选，要多少给多少。1585年，英西又爆发战争，女王命他率领船队破坏西班牙海外领地，使西班牙经济和士气蒙受极大损失。1586年得知西班牙正在建造无敌舰队准备入侵英国，他率舰队冲入西班牙加的斯港，破坏造船装备和器材，使无敌舰队的建成至少推迟了一年。1588年，西班牙舰队来侵，他任英舰队副司令，率舰队冲击，把无敌舰队打得落花流水。1596年，德雷克最后一次出征西印度群岛，攻击西班牙领地，因部下大多死于热病而失败，他自己也染热病身亡，海葬于巴拿马海域。

西班牙无敌舰队

布干维尔完成和平的环球航行

人们都知道首次完成环球航行的探险家是麦哲伦，当时轰动了欧洲，由此也兴起一股环球探险热，不少国家的航海家都加入了这一行列。法国的航海探险家布干维尔也算其中之一。

1763年，原先由法国军队占领的马尔维纳斯群岛要转让给西班牙。当时的布干维尔是一名代理船长，曾率一支军队占领该岛。他得到要转让此岛给西班牙的消息后，当然心里不悦，但也无法改变。为了不使法国海军掉架，他建议，组织一支舰队从法国到马尔维纳斯群岛完成交接任务，然后穿过美洲，横渡太平洋，沿当年麦哲伦开辟的航线，完成环球航行，返回法国。这样既显示了法国海军实力，又不失法国国威。法国的海军部长当即批准了布干维尔的建议，并把这项任务交给了布干维尔，从而使他实现环球航行的愿望。

布干维尔接受命令后，心里十分激动。经过国王批准，这支舰队由三桅战舰“布德兹”号和运输舰“明星”号组成。1766年12月5日，布干维尔率领216名官兵乘“布德兹”号舰离开了法国布勒斯特港，向大西洋进发。“明星”号运输舰因准备工作没有做好，只得推迟起航。布干维尔由于到过加拿大，又亲自指挥过马尔维纳斯群岛的航行，因而对大西洋航行比较熟悉，尽管遇到一些风浪，但航行总算顺利。他们从法国出发后，按照预定航线顺利到达马尔维纳斯群岛，按时完成了和西班牙的交接任务。交接任务完成后，直到1767年6月20日，“明星”舰才载着116人姗姗而来，两条船会合后，稍加休整，随后布干维尔下令出发，驶向麦哲伦海峡。

三桅战舰

你知道吗

三桅战舰在当时的地位

三桅战舰，又被称为“风帆战列舰”。是风帆时代的海上霸主，是大航海时代之后战舰的巅峰之作。桅战舰是航海迷、战舰迷、战史爱好者和船模爱好者的最爱，是不可多得的历史教育素材和艺术创作素材。中世纪欧洲的任何一位船长都会希望自己成为一艘三桅战舰的船长，任何一个海盗都梦想自己拥有一艘三桅战舰——《加勒比海盗》中的皇家海军无畏号战列舰、黑珍珠号都是这种三桅战舰。它是冒险、勇士、名望、财富、胜利、传奇和荣耀的代名词。风帆战列舰不仅仅书写了海上历史，更为人类历史增加了无比绚烂的色彩。三桅战舰，是风帆时代的传奇梦幻。

舰队出发后，很快进入麦哲伦海峡。此时布干维尔立在驾驶台上异常激动，来回在船台上走着，不断用望远镜向四周观察，不止一次地对士兵们兴奋地说：“这就是当年麦哲伦穿过的海峡。”

在海峡中航行极为困难，峡湾又窄又弯，时浅时深，到处都是小岛和暗礁，一不当心就有触礁的危险。布干维尔下令船头船艉都加双哨，严密观察航道。峡湾支流很多，几次走错了被堵住。时间一天天过去，天气非常寒冷，风力不断加大，舰上很多人患了喉炎。但面对种种困难，布干维尔仍沉着、机智、勇敢地指挥舰队小心翼翼地前进。经过全体船员的努力，他们终于胜利地穿过了麦哲伦海峡。

当一望无际的太平洋展现在面前时，布干维尔心情无比激动，庆幸自己终于进入了世界上最大的海洋——太平洋。他和船员们望着烟波浩渺的太平洋，生命好似注入一种活力，浑身增添了勇气和信心。布干维尔指挥舰队向西北方向航行。

1768年3月5日，他们先发现海上有4个珊瑚礁，继而又发现一个大海岛。

“加速，快驶近海岛！”布干维尔兴奋地下令。舰队驶近了该岛，发现海岛十分漂亮，海边的沙滩平坦而雪白，岛上椰树婆娑，风光秀丽，这就是现在的阿基岛。

布干维尔总是和平友善的对待土著人

布干维尔继续航行，在航途中又发现大大小小十几个珊瑚岛。这些珊瑚岛多数露出海面，也有在浪花中时没时现，航行处处充满着危险。布干维尔把这个群岛命名为危险群岛。

他们离开危险群岛继续航行。在途中，布干维尔想起海军司令部交给他的任务：要了解英国、荷兰、西班牙在太平洋上所占岛屿的情况，收集岛上军事、政治情报，并想法占领荷兰人尚未全部占领的岛屿——马鲁群岛，采集香料、树种苗运回法国。

4月2日早晨，天刚微微亮，船头值班的水手突然惊叫起来：“海岛！我看到海岛啦！”布干维尔立即跑上驾驶台，果然有个海岛在前方。

布干维尔下令舰队沿岛航行一圈，此时岛上的土著人发现如此大船，都好奇地划着独木舟，纷纷向军舰靠近。岛上的居民们对布干维尔的到来表现出友好，有的给他们送来香蕉、椰子，有的送来活猪。布干维尔很高兴，他向土著人回赠了一些礼品，以示感谢。有个叫阿乌吐鲁的土著年轻人，竟大胆地爬上“明星”号军舰，还跟舰员们交谈起来。当然，语言无法沟通，他只好边说边用手势比画，布干维尔才知道此岛叫奥·塔希提岛，一年前英国船长沃利斯曾到过这里，并把这个岛命名为乔治三世群岛。然而布干维尔不买英国人的账，按照自己的规矩办又将此岛命名为新西泰尔岛。

布干维尔离开军舰，登上了该岛，对这里的土著居民的风土人情和自然地理状况进行调查。他需要的是这个岛上的资料，东奔西走跑了不少地方，土著人跟他也混熟了。

但是，时间一长，土著人原始共产的生活方式，开始延伸到法国的军舰上，他们不声不响地拿走军舰上许多物品，这下子把法国士兵激怒了，几个士兵登岸找土著人算账，说他们是贼，是海盗，抓走土著人养的猪，并用火枪打死了两个土著人。这一下矛盾被激化，土著人要向军舰进攻。

为了防止事态的发展，布干维尔首先制止自己的士兵，并把肇事者抓起来，五花大绑吊在桅杆上，要处死刑。他还拿出一些食品和礼物送给土著人作为补偿。布干维尔这样做,立即取得了土著人的谅解，平息了这场风暴。他还跟岛上土著居民的首领建立了良好关系。

1768 年 4 月 15 日，布干维尔的舰队离开该岛，岛上的土著人和首领前来送行。在该岛的首领一再要求下，布干维尔才同意把阿乌吐鲁首领的儿子带走，并答应日后有机会送他回来。

他们离开奥·塔希提岛后继续向西偏北方向航行，一路上又发现了一些海岛，但岛上的土著人曾受过白人的侵害，视白人为仇敌，布干维尔不敢贸然靠岸，他们的食品和淡水无法补充。有些士兵建议动武去掠夺,但布干维尔都严加拒绝。并下令禁止士兵登岸。他们穿过所罗门群岛，沿着新几内亚东北海岸航行。时间一天天过去，船上的食物吃完了，水也变臭了，他们只好捕鱼生吃。实在饿得不行了，布干维尔只好下令把船上的皮袋当作粮食，煮了吃掉。有些水手看中了布干维尔从马尔维纳斯群岛带来的一只母山羊，这原是准备带回法国当种羊的。有天夜里，一个士兵爬进舱里，把母山羊弄出来，结果被副官发现，副官立即把这个士兵捉起来，并准备把他吊死。布干维尔知道后，当场把这个士兵放掉。他亲手把那只母山羊牵到甲板上，当着士兵的面把它杀死，给大家充饥。后来，他又把两只用来护卫的狗杀掉，让船员充饥。

幸运之神拯救了他，乌鲁古群岛突然出现在他们面前。布干维尔又惊又喜，船员们狂呼雀跃，几乎忘记了痛苦和饥饿。布干维尔下令靠岸，立即拜访了岛上的总督，讲述了自己的来意和困难。总督对环球航行大加赞赏，并表示愿意帮助解决困难。这样，舰队获得了补给，在这里休整、治病，购买各种物品，对岛上的水文地理、物产进行了调查，获得不少资料。9 月 6 日，布干维尔的舰队离开该岛，继续环球航行。经过 22 天的航行，他们顺利地到达巴塔维亚，在那里补充食物

航行在海上的三桅船

和淡水之后，10月10日又向印度洋航行。

11月7日，他们顺利地穿过印度洋到达毛里求斯。这是法属岛屿，像到了家一样。在靠近该岛时，布干维尔下令鸣放礼炮。在这里他们停留了1个月零3天，修理好船只，踏上了归国的航程。

1769年4月5日，经过2年零4个月的航行，布干维尔终于实现了他环球航行的壮举。

库克发现太平洋群岛

开辟到澳大利亚、到太平洋诸岛屿的航线，不像开辟其他航线那样惊心动魄，但也断断续续延续了几百年，其中也有许多惊险曲折的故事。库克就是最突出的一个英国海军探险家。他的最大功绩是战胜了坏血病，为后来远航者带来了福音。

1768年，皇家学会与英国海军也组织一支探险队，考察南半球的太平洋。在物色谁来当探险队长时，有人推荐了40岁的海军中尉库克。

你知道吗

库克是怎样成长为探险队长的

詹姆斯·库克出生在英国一个贫苦多子女的家庭，18岁时入沃克船公司当学徒，21岁已是航行在北海运煤船上的好水手。他到过英国许多大港口，也到过荷兰、挪威、俄国的彼得堡，有较丰富航海方面的知识。后来库克投入海军，29岁任海军“潘布鲁克”号舰长。在英法七年战争中，测绘圣劳伦斯河航道，有助于沃尔夫将军登陆成功。战后指挥“格维林”号测量纽芬兰海岸。他对天文学也有兴趣，曾在《哲学学报》上发表过一篇关于日食的文章。七年战争后，英国控制了大西洋，在印度洋也取得牢固的阵地。但1767年法国人布尔干维尔探险队环球航行获得成功，这对英国刺激很大。在英国当军官、当探险队长的，一般都是贵族。但贵族子弟往往吃不了苦，不愿担当这种苦差事，因此选来选去，最后还是由库克担当。

1770年4月，库克的“努力”号来到澳大利亚东南海岸，沿岸北

库克船长年少时代的小屋

上第一次驶进世界上最大的昆士兰的珊瑚礁——大堡礁。这是一片极为复杂的海域，明暗礁密布，南北长2000千米，为了测量这片海域，他立在驾驶台上小心地指挥着“努力”号，船首船尾站着的水手，睁大着眼睛看着海底的情景，那水下全是起伏不断、犬牙交错的暗礁。

6月12日凌晨，天还没有亮，库克船长正在睡觉，船身猛烈震动摇晃，库克本能地跳下床来，他赶紧点上灯，穿好衣服就跑上了甲板。他举灯一看，天啊！“努力”号触上锋利的珊瑚礁了，船板被撕裂得不断地嘎嘎作响。

水兵和军官们都跑到甲板上，黑暗中3只小船放了下去，库克冷静地叫军官们赶紧测量“努力”号四周的水深。情况很令人沮丧，船是涨潮时触礁的，现在已开始退潮，船越来越陷到珊瑚礁上。这些锋利的珊瑚礁，涨潮时都在水下，退潮时则露出水面。

为了减轻重量，库克命令倒掉快要腐烂的食物，然后又倒掉桶里的油，抛掉一些压舱石，最后连6门炮也推进海里(每门炮有半吨重)。但不管如何扔东西，船被礁石卡住就是浮不起来，海水已开始漏进舱内。库克又命令大家排水，可是越排越多，情况危险了。到晚上10点，

库克船长像

库克再三思考，只好铤而走险了：利用锚的拉力，使船身离开礁石。

大家都执行船长的命令，一齐利用绞锚机的滚动力量，使船从刀子般的礁石上滑过，巨大的撕裂声终于使船摆脱了礁石。这时，船舱漏水更加严重，为了排水，所有人员弄得筋疲力尽。库克看到，船不开到岸边进行修理堵漏，就会沉掉。他下令把一块约6平方米）的帆铺在甲板上，上面撒上麻絮、羊毛，由帆匠把这些材料缝到帆上，然后在上面涂上又黏又稠的牲口粪便，再盖上一层帆，做成一个大“馅饼”。他们把这个“馅饼”从船头放下水去，用绞索从船的两头把它拉住，让它滑到了船底漏洞外面。海水的压力就会自动地将“馅饼”挤进破洞，终于用此法把破洞堵住了。半小时之后，船舱内的水就抽干了。库克把船开到岸边，进行大修。

8月下旬，“努力”号驶过珊瑚海和托雷斯海峡。160年前西班牙人曾来过此地，他们没有能力开发就秘而不宣。1771年年终，库克回到英国。这是他第一次考察大洋洲，也是他第一次环球航行。途中有30人因得坏血病而长眠在太平洋，其中也包括天文学家和随船的医生。

第一次远航回来之后，一个令人苦恼的问题始终在库克船长头脑中盘旋，那就是袭击远航者的可怕的瘟疫——坏血病。17世纪时，英国海军军舰上每年近5000人死于坏血病，18世纪英国海军安逊远征军竟有4/5人死于坏血病。库克自己的第一次大洋洲之行，途中就死了30多人，也是多数患的坏血病。

库克从查阅许多前辈海上探险家的资料得知，白令探险队队员也是多数死于坏血病，哥伦布、麦哲伦、拉佩鲁兹等等的探险队，多数人也死于坏血病。然而库克从调查中也发现，这些得坏血病的人，多数是船员和水手，而高级海员却很少，这是什么原因呢？库克想来想去，觉得其他条件都相同，只有一样不同，就是高级海员吃的伙食要比其他船员和水手好，他们能吃上昂贵的泡菜和果酱，而水手和船员只能天天吃粗饼干和臭咸肉。问题的根源会不会就在这里呢？想到这些，库克不由得兴奋起来。如今他是船长，有权做主了，为了防止坏血病的发生，他要作一次试验，第二次远航他要多弄些泡菜，作为抵抗坏血病的良药。

库克船长用泡菜治好了坏血症

其实在库克之前，就有人对坏血病作了一些探索，其中哥伦布就是一个。有一次，哥伦布在大西洋上航行时，船队中有人患了坏血病，牙齿全部脱落，两脚肿得像水桶，一碰破就血流不止。其中有几个重病人不愿被抛进大海喂鱼，要求哥伦布把他们送到荒岛上，宁可死在岛上。哥伦布只好答应他们的要求，用小船把他们送到荒岛上，给他们留点食物后船队就走了。哥伦布心里明白，这几个船员用不到一个星期，就必死无疑。过了3个月，哥伦布的船又路过这个荒岛，突然发现有人在向船队招手。哥伦布划小船上岛一看，万分惊奇地发现，这几个船员一个也没有死，身体比以前还强壮多了。哥伦布惊呆了，赶紧问他们是用什么良药治好的。这些船员都摇头，都说不知道，因为在汪洋之中的孤岛上，没有人给他们送过药，是他们自己慢慢战胜病魔的。细心的哥伦布注意观察，他也在岛上跟船员们过了几天，发现这几个船员是靠岛上挖野菜根、吃野果子及海边的小鱼虾活过来的。这些食物使哥伦布想到这一定跟新鲜食物有关。然而，哥伦布虽提出了这个问题,却并没有能力去解决。

1536年法国有一支探险队，在加拿大过冬时，有110人得了坏血病，整个探险队面临绝境，都病倒在岛上。当地的印第安人同情他们的遭遇，建议他们喝松叶浸泡的水试试。结果一个月后，队员们身体日益好转，在绝望中得救了。

所有这些资料都使库克船长心中更有数了，认为缺乏新鲜食物就是得坏血病的主要原因。

浮冰阻断库克船长发现南极

1772 年 7 月 13 日，经过一年准备，他新婚刚一年，就率两艘巡洋舰——“决心”号、“冒险”号，准备从普利茅斯出发。这时一艘小船晃着旗帜，直朝库克船队而来。原来是库克的邻居来告诉库克，他的妻子生了个小男孩。库克高兴一阵之后，还是下令按时起航。

库克的船队沿大西洋一直南下。12 月，他们第一次见到了南极的企鹅和冰山。当时天气恶劣，风雪交加，浓雾弥漫。汹涌的海浪咆哮着卷过冰山，冰块互相撞碰，不时发出震耳欲聋的可怕声音，他们的船就在南极圈中迂回，小心驾驶。1773 年 1 月 17 日，他们终于穿过南极圈，看到南边有大陆影子，但他们再也无法前进，因为海面完全被浮冰堵塞了。他们只得后退，然后往东，驶向太平洋。

1773 年 10 月，两舰失散。库克往东南航行，12 月中再次进入南极圈，但又被堵住，没有成功。1774 年 1 月 26 日，库克第三次进入南极圈，同时记下了那里的情景：

“早晨 4 点钟，我们从南面发现一条刺目的白色长带，这是临近冰障的先兆。我们爬到桅杆上，看见一条绵延不断的冰障由东向西延伸。南部的半边天空放射着奇异的冷光。我数着冰障附近海面上的冰山和冰峰，共有 96 座，一些异常高

新鲜水果蔬菜是预防治疗坏血症的良药

大的冰山和冰峰顶端，隐藏在低沉的云层和浓雾中。这条冰障看来是无法穿越的，我和我的同伴们都认为，这条冰障可能一直延伸到南极极点，或者它在某个地方与大陆接在一起。我不是说没有向南前进的可能，但这种尝试太冒险。我比以前任何航海家向南考察得要远，我决定向北返航。”

事实上这真是功亏一篑，库克失去了第一个看见南极洲的荣誉，因为库克的“决心”号离南极洲阿蒙森海边的捷尔斯敦半岛只有200千米了。

库克第二次航行深入南极越过南纬70°，完成第一次自西向东高纬度的环球航行。他继续考察太平洋和大西洋上的岛屿：绘制汤加和复活节岛海图，发现太平洋的新喀里多尼亚岛和大西洋上的南桑威奇群岛及南乔治亚岛。最后于1775年7月底回到英国。他的夫人是带着3岁的孩子到港口来迎接库克的。这一年他晋升为上校，被选为英国皇家学会会员，得到一笔丰厚的奖金。

这笔奖金不仅仅是因为库克在考察大陆、探索南极方面有贡献，更重要的是在这3年多远航时间里，没有一个船员得坏血病。库克船长强迫船员吃泡菜，吃柑橘，只要有条件，他就坚持到岸上补充新鲜蔬菜和水果。他的试验获得成功，第一次创造远航环球航行不得坏血病的世界新纪录，没有死一个人，从而创造了探险队的奇迹。

“鹦鹉螺”穿越北极冰层

美国第一艘核潜艇“鹦鹉螺”号（长97米，排水量3180吨），是它开辟了穿越北冰洋冰层下的航路，写下了人类探险史上的新篇章。

从1957年8月到1958年8月，美国核潜艇“鹦鹉螺”号在经历了两次失败后，终于在第三次成功穿越北极冰层，打开了北极世界的大门。

前两次的失败，第一次潜望镜被撞坏，和第二次罗经断电故障给美国北极探险队带来了沉重的打击，但这并不能阻止他们继续前进的决心。

7月23日，艇长安德森中校以及116名艇员又登上了“鹦鹉螺”号，开始了第三次的冰层下探险。潜艇以20节的航速绕过瓦胡岛，穿过了考爱海峡，再次将航向对准阿留申群岛的尤那卡水道。他们得悉白令海峡西侧大门已无流冰，便决定由此直插白令海峡。核潜艇在自动驾驶仪的引导下如梭似箭地高速向北潜航。

潜艇不久即抵达4个星期前曾经被迫调头撤退的海域。7月26日傍晚，潜艇结束了由珍珠港向阿留申群岛的水下航渡任务。艇长指挥

核潜艇“鹦鹉螺”号

潜艇浮至潜望深度，用尤纳斯卡岛校正了雷达，完成定位任务，然后又潜回深水，从尤纳斯卡岛和赫伯特岛之间的海峡穿过岛链。

潜艇沿冰层边缘，一边探路，一边摸索前进。但始终走投无路，不断碰壁。艇长决心向东行驶寻找巴罗海沟。时光在无情地流逝，华盛顿的上层人物在注视着这次行动，他们所希望的不仅是“到达”，而是要“横渡”。

核潜艇谨慎地转向东南，沿冰层边缘驶向阿拉斯加的巴罗角。

一天中午，雷达突然发现一架飞机，艇长立即命令潜入水中进行规避。在此同时，声呐兵向艇长报告：水下发现异常情况，有相当恐怖的声音。结果查明有一群海象正围着潜艇绕圈，当潜艇继续南驶时，海象也紧随不舍，也许是这些世代与世隔绝的浅海动物受到惊扰后所做出的反应吧！

寻找巴罗角航线正在耐心地进行。他们找到一个适当的海域，处理了艇上垃圾。然后又聚精会神地寻找巴罗海沟，雷达测出，潜艇正位于阿拉斯加富兰克林角的正北方向。最使人兴奋的是，他们已找到了通向北冰洋西部盆地的深水通路——巴罗海沟。

几个小时后，冰原在望，海区深度也足以让潜艇避开最大冰山，艇长情不自禁地对周围军官说：“正是这令人向往的海底公路，让我们前进！前进！”他贴着潜望镜最后扫视海空，西边天际一轮皓月高悬，东方水面朝阳正在冉冉升起。

潜艇取东北航向，沿着海沟潜

北冰洋的风光

航。艇上开动了全部声呐，以探测埋在水下的冰山。测深仪的读数表明，海沟越来越深，潜艇加速到18节，此时宛如驱车穿过了繁华的闹市，奔驰在高速公路上。

8月1日上午8时52分，潜艇再航行1094海里，北极极点在望。从极点算起，再过800海里便是格陵兰——斯匹次卑尔根岛的冰原边缘。如果一切顺利的话，将找到钻出冰层的出口。

潜艇在冰下疾驰，但大家都提心吊胆，谁也不敢合眼放心睡觉。因为头顶整个都是完整无隙、平均厚达1.5 ~ 4.6米、外貌峥嵘崎岖，有些深埋水下达20.5米厚实的冰层，一旦有个三长两短，所有人都将成为这个铁棺材里的冰冻尸体。

多数人都明白这次探险的目的，就是要开拓太平洋到大西洋的航线，横渡北极航线毕竟是最短最佳的航线，因此冒风险是值得的。

突然，深度计的读数令值班人员吃惊，猛升到2790米，而后又一下子升到930米。他们立即报告艇长，艇长急忙赶到深度计旁边，两眼一直盯着，守候几个小时，观察着崎岖的海底地形，提防突兀而起高达千米的海底山峰。每遇奇峰耸立，艇长都及时命令潜艇减速规避，绕过山峰后再提高航速。这些海底山脉形状峥嵘罕见，就像月球上的火山口一样。

艇长最担忧的是出现重大故障又无功而返，他时刻提醒艇员们检查仪器、机械，只有时刻保持警惕，才能防微杜渐，避免航行夭折，摆脱困陷于冰下而导致的进退维谷的境地。温度越来越低，许多管路和机械上都出现一层白花花的冰雪。

地球最北端——北极点

8月3日午夜后，潜艇越过北纬84° 。自从进入罗经失灵海区后，他们做好了防止“经线轮盘”的准备。所谓“经线轮盘”就是罗经乱转圈，不能指示方向。为此专门设计了一套辅助设备，惯性导航仪运用电子技术手段，可把潜艇运动的航迹绘算出来。上午10时整，潜艇越过了北纬87° ，打破了去年他们自己创造的纪录，继续向着历史上其他舰船未到过的更北地点，开创新的航路。

潜艇点离北极点大约只有两个

小时的航程了，人们的情绪更加活跃。实际上到了北极点，外界也没有人敲锣打鼓来欢迎，潜艇也感觉不到，只有从海图上依靠航海仪器能测绘显示出来。艇长对航海长说：以艇首触及北极点为标志，要向全艇发信号。

到晚上 7 时，“鹦鹉螺”号已航行 12.4 万海里。深度指针 124 米左右，声呐指示出漫无边际的冰原厚达 25 米左右。人们从声呐中仿佛听到冰面上寒风的怒号声，也仿佛听到巨大冰块互相倾轧的恐怖声。

“鹦鹉螺”号已在冰层下航行了 62 个小时，无法用天体测舰位，只能靠推算舰位方法航行。当电子计程仪指示距北极点只有 0.4 海里时，航海兵开始大声报告，艇长拉响集合警铃，休闲的人员都集中到艇员餐厅。艇长庄严地在扩音器里宣布：“鹦鹉螺”号很快要到达人类长期梦寐以求的目标，当我们接近北极点时，让我们大家以静默来纪念和感谢那些在这种非凡的航行中曾经做出贡献的先驱者……

1958 年 8 月 3 日 23 时 15 分，美国海军“鹦鹉螺”号终于首先抵达北极。艇员们在餐厅里一片欢呼。

为了记载下“鹦鹉螺”号准确抵达北极这一史实，他们进行了作证的数据统计：在北极点，仪器测得的海水温度为 0.2℃；海区深度为 4157 米；冰层厚度为 7.7 米。

“鹦鹉螺”号从北极的那一侧钻入冰层到这一侧钻出，共潜航 1830 海里，历时 96 个小时，这的确是航海史上了不起的事件。

破冰冲向北极点的第一船

1977 年以前，没有一艘船能从海上进入北极点，这一年的 8 月 17 日，苏联的核动力破冰船“北极”号首创到达北极点的纪录，为人类航海史写下新的篇章。

也许人们会问，在“北极”号之前，难道没有人从水面乘船到北极点探险吗？当然有，不过他们都没有成功。

寒冷的北极

苏联“北极”号排水量 24000 吨，主机为核动力，它的破冰能力超过历史上任何一艘船。在这之前，有艘“伊尔玛克”号破冰船曾多次到北极探险，但都只到北纬 85°。

苏联政府做了充分准备，研究分析了北极冰层的厚度，冰山的坚固程度，也分析了流冰的冰层构造和破碎冰层的物理因素，掌握了冰层大量资料。

在这个基础上，又分析出北极最佳航行期是 8 月中旬，此时冰层热化量最大，多年冰层寒冷量最小。因此决定 8 月 9 日“北极”号从摩尔曼斯克出发。

经过两天的水路航行后，第三天进入了冰区。12 日路过玛基希那海峡时，层层冰封，冰厚达 1.5 米。“北极”号船长也明白，两个星期前，苏联破冰船“列宁”号、“克拉西”号率领的运输船队受困此地，航期被耽误好几天，其原因就是冰层太厚，破冰困难。但“北极”号对 1.5 米的厚冰并不在意，因此它继续全速前进。

14 日，“北极”号进入北极中心地带，冰层坚厚，茫茫无边。当年夏天，北冰洋冰化情况是近几年来较好的。船越向北前进，冰凝结度越厚，船由冰区边缘进入 7 ~ 8 级冰封区，后来进入 9 级。核动力破冰船前进时，船压得冰嘎嘎直响，碎冰和冰花溅出 20 多米远。

在冰层覆盖的北冰洋面上，遍地白雪皑皑，冰峰高低不平。当厚厚的积雪覆盖下的冰层融解时，雪掉进冰洞，看上去好像掉进了很深的“黑洞”。雪在上层融化，流入冰层，结成冰块。这些雪冰洞大小不一，其直径在 5 ~ 50 米。航行在这种冰区，“北极”号虽感吃力，但仍未减速。

“北极”号由直升机领航，沿着冰裂缝，向北挺进到北纬 83°。

破冰船继续往北航行，很难找到一条冰的裂纹，更找不到裂纹的去向。天气晴朗时，在破冰船前面 16 ~ 32 千米处，由一架直升机离海面 300 ~ 500 米上空探索航道。机上的水文工作者及时地把冰层情况直接用无线电报通告破冰船。

到 15 日夜里，破冰船“北极”号进入北纬 85°，这是水面船舶当时曾到达的最远处了。

北纬 85° 是个什么样子呢？人们面前出现了冰山群峰。冰层之厚度足能托起“北极”号。群峰阻拦

破冰船

着破冰船前进。眼下，“北极”号既无直升机领航，又不能用船体本身重量压碎冰山。

决不能半途而废，不到“极点”决不罢休。船长审时度势毅然做出决定：“北极”号开足马力后退 100 ~ 150 米，然后，以全速冲向冰山。果然座座冰山经不住核动力的冲力，终于分崩离析了。

破冰船越过 86°，到达北纬 88°5′，离极点只有 100 海里了，展现在人们面前的是一片结冰厚实的广袤冰区，洋面上再也见不到任何冰层裂缝。虽然 8 月中旬是北冰洋的冰融化期，但丝毫见不到冰化的痕迹。

船进入北纬 89° 以后，当向船艉模糊不清的航迹看去时，你才相信船是在奋力破冰前进。如从船艄看，既看不到冰缝，也看不到冰碴飞溅，无法感觉到船在前进，周围没有一点参照物,始终好像在原地。

到了北纬 89°4′ 时，离极点只有 37 海里，冰层厚度达 4 米。此时，能见度极低，直升机完全无法领航，破冰船再也找不到较易通过的航道，只能全力靠破冰船冲压，航速慢极了。

1977 年 8 月 17 日早晨 4 点 35 分钟，“北极”号核动力破冰船终于成为第一艘到达北极点的水面船舶，开创了水面船舶征服北极的新纪元。

南极大陆的发现

早在公元前 2 世纪，希腊天文学家、地理学家希帕库就提出，已知的大陆极其广袤，且都在北半球，南半球绝大部分是海洋。因此，他推断南半球也应该有块大陆，否则，地球无法保持平衡（地球其实并无这种平衡的必要）。公元一世纪的罗马地理学家庞蓬尼·麦拉赞成关于南大陆存在的设想，指出南大陆地区与北极地区一样，因严寒而无人居住。公元二世纪时，埃及的希腊天文学家、地理学家革老丢·托勒密把这块大陆绘入了地图，注出的拉丁文地名为 Terra Australisloeognita，意为“未知的南方大陆”。托勒密认为，南方大陆非常大，几乎填满了南半球。文艺复兴开始后，托勒密的地球学著作被重新“发现”，译成各种文字，激起了人们寻找南大陆的热情。这是探讨南大陆的早期阶段。

地理大发现开始并取得最重大的成就后，法国地图学家让·斐纳在 1531 年绘制出版的世界地图中重新画出了南方大陆，并把“未知的”

现代人依然在不断地探索南极

一词删去。此后，许多航海探险家不断去寻找这块南大陆。17 世纪初，欧洲人逐步抵达和发现了澳洲。不过，最初人们都以为它就是近两千年来一直推测的南方大陆，并以为南方大陆一直延伸到南极。在澳洲的发现过程中，荷兰航海家塔斯曼的贡献最大。他在 1642 ~ 1644 年的航行和探险中，基本上环绕澳洲大陆进行探险航行，查明澳洲不是南极大陆的一部分，也不靠近南极大陆，而是一块独立存在的新大陆。此前人们在这一海域发现的海岛和陆地，都是这块新大陆的组成部分。由于荷兰人在发现澳洲过程中的作用和在这一带的殖民扩张，荷兰人所取的“新荷兰”一名与“南方大陆”一名并存了很久。1802 ~ 1803 年间，英国海军军官弗林德斯完成了环绕澳洲航行，进一步证明了新荷兰是一块完整的独立的大陆，他于 1814 年建议，把这块新大陆定名为“澳大利亚”，将表示大陆的“特拉”也简化掉。他的建议被英国驻澳总督采纳。于是，原来表示南大陆的“南方”称谓作为地名——“澳大利亚”，这是当时人们发现的最南面的陆地，用现在的眼光看，这是一个误称。因为南极洲尚未被发现。以上近三个世纪的航海探险考察构成探索和寻找南大陆的第二阶段。

澳洲被发现后，欧洲的地理学家认为，澳洲最南端才达到南纬 38°，距南极极顶还有 52 个纬度，在如此浩瀚的水域里，应该还有新大陆。于是学者们在“北极”，即 arctic 的面前加上反意前缀 anti，写成 antiarctica，表示这块未知的大陆，意为“北极的对面”，即南极洲。当时还有人传说，南极洲地下蕴藏着许多金银宝藏。于是，探险的精神，求知的欲望，猎捕鲸、海豹、海象等南极海洋动物的经济利益和开发南大陆的理想，推动着各国航海探险家不断向南大洋——南冰洋(实际上是太平洋、印度洋、大西洋三大洋汇合后的大洋)挺进。从而开始了探寻和发现南大陆的第三个阶段。

1821 年 1 月，俄国航海家别林

斯高晋和拉札列夫率领的两艘探险船首次在南纬 66° 半的南极圈内发现了面积为 250 平方千米的彼得一世岛。接着，他们又在南纬、西经约 70° 地带发现了大片陆地。他们以当世沙皇的名字命名，称为“亚历山大一世之地”。但是，美国人却认为，美国捕鲸船船长巴梅尔先于俄国人 50 天发现了该地。俄国和苏联学者对此说法断然否认。而大多数学者，包括《大英百科全书》1974 年 15 版“南极洲”词条的作者均认为，别氏等人很可能最先在南极地区实实在在地看见和发现了这块陆地。最初，人们都以为“亚历山大一世之地”是南极大陆的一部分，125 年后的 1946 年经美国人考察，才弄清楚它是南极洲的一个大岛，面积约 4.37 平方千米，它与南极大陆边缘还隔着一条好几十千米宽的海峡。

不管怎样，在南极圈内发现大片陆地的喜讯激励着航海家探险家们冒着严寒，不避艰险，继续向南进军。1840 年，英国探险家罗斯第一次看见、发现了南极大陆，1898 年，挪威探险家鲍尔赫格列文第一次登上了南极大陆。1911 年 12 月至次年 1 月，挪威探险家阿蒙森、英国探险家斯科特相继到达南极极点。至此，绵延了两千年的重大地理疑案终于完全了结。南大陆——南极洲水落石出，“冰化”地现，显露出庞大的身躯，成为地球上的第六块大陆 (亚洲、非洲、北美、南美、澳洲、南极) 和第七个大洲 (亚、欧、非、北美、南美、澳、南极)。人们两千年来对南大陆的探讨和寻觅胜利结束。

极地探险的壮举

在 20 世纪初的南极探险活动中，英国著名探险家欧内斯特 · 沙克尔顿和他的探险船“持久”号是令人难忘的。虽然沙克尔顿不是首次登上南极点的勇士，也没有实现他横穿南极大陆的理想，但是，他和他的同伴进行的那次失败的南极探险旅行，在人类征服南极的历史上堪称一次壮举。

1874 年沙克尔顿出生在爱尔兰的一个富有的农场主的家庭。中学

南极

毕业后，曾在一家海事船运公司做见习水手，从此便深深地爱上了航海，并决心终生从事航海事业。后来，他参加了著名探险家斯科特的探险队，乘“努力”号赴南极探险。这次探险活动的目标是，向南极点逼近，不过，年轻的沙克尔顿没能实现这个愿望，因为他途中染上坏血症，不得不离开探险队，回到了英国。沙克尔顿壮志未酬，但他确立了一个信念：总有一天，他要率领探险队去征服那个令人神往的冰雪世界。

1907 年，沙克尔顿身体已经完全恢复健康。他凭着曾做过斯科特船长的探险队员，自行组成了一支探险队。1909 年 1 月，沙克尔顿探险队向南极挺进。一路上，猛烈的极区暴风雪几度使探险队陷入绝境，加之食品不足，队员们体力不足，又有人受伤，只好收兵回师。这次探险虽然没有到达目的地，但他们在南极大陆上顶风冒雪，忍饥挨饿，向南极腹地跋涉了 2700 千米，这在当时探险家的行列中是成绩最为显赫的。

1911 年 12 月 14 日，当沙克尔顿听到阿蒙森探险队首次成功地到达了南极点后，确立了新的探险目标，他要率领探险队徒步横穿南极大陆，从南极大陆的一端走到另一端。

1914 年 10 月，沙克尔顿率领他的探险队员到达阿根廷的布宜诺斯艾利斯，他计划从这里出发，实现他多年的夙愿。探险队乘坐的是一艘坚固的木壳帆船，船名叫“持久”号。船长弗兰克沃斯利有丰富的航海经验。探险队先乘船到达大西洋的威德尔海，在那里登陆，开始穿越南极大陆的探险旅行。他们计划用五个月完成探险任务。11 月，“持久”号抵达福兰克群岛中的南乔治亚岛，经过几天补给休整，继续前进。航行第三天，“持久”号进入浮冰海域。起初，“持久”号还能左闪右躲，在浮冰中挤出一条航道，慢慢前进。但是没多久，越来越密集的冰块堵住了前进的道路。最后，被大块大块的浮冰紧紧地围困住，无法航行，只好随冰漂流。这时，“持久”号离登陆地点只有 25 海里，但因被浮冰围住，无法行动。沙克尔顿意识到，船再也无法航行了，唯一的办法是就地准备越冬。就这样，原先还在海上航行的“持久”号，现在成了探险队的“越冬船”。

由于探险队带的食品、燃料比较充足，队员们的身体也还好，南极的冬季总算平安度过了。第二年四月，“持久”号开始随着浮冰向南漂移，不久，冰面上随着噼噼啪啪的爆响声，裂开了一道道裂缝，解冻的季节终于来到了。然而，冰的解冻带来了新的麻烦：船的周围冰越来越薄，人无法在冰上行走，也无法狩猎获取食物。船四周的冰块磨碾挤压，船体在冰块挤压下，出现裂缝、漏洞，直至后来人员已经无法继续留在船上，被迫弃船到较厚的冰块上安营扎寨。

第二天一早，沙克尔顿组织探险队员们把船上的救生艇卸下来，然后利用救生艇把船上的物品搬运到约九海里之外的一块又大又厚的浮冰上，建立营地。根据经验浮冰越老就越结实，沙克尔顿判断，这块浮冰起码形成两年以上。大家给这个新“家”起了个新名字，叫它“大洋营地”。人们一次又一次地从“大洋营地”返回“持久”号，希望把更多的补给品搬到“大洋营地”去。总算走运，他们把好几桶黄豆、果酱和猪油等生活用品运回到“大洋营地”。终于，“持久”号因进水太多而沉没了。

没有过多长时间，“大洋营地”所占据的浮冰也开始破裂。到12月底，浮冰破裂得愈加厉害，沙克尔顿决定撤离“大洋营地”。探险队员们只好带着能带走的物品开始了艰苦的冰上跋涉。后来，终于又找到一块较老的浮冰，暂定为自己的新营地，大家叫它“大西洋营地”。但是，好景不长，“大西洋营地”周围的情况越来越不妙了。浮冰挟带着碎冰块发生互相错动，浮冰上的裂口越来越大，看来，把救生艇放到水里已是刻不容缓了。沙克尔顿把队员分成三组，分别乘三只小艇，开始了茫茫冰海上的漂流。1916年4月的一天，探险队员们登上了象岛。到此，沙克尔顿和他的探险队在南极冰海上已整整漂流了497天。这在人类航海探险史上最为罕见的。

在象岛上，探险队员们不能坐以待毙。看起来，要想获救，只能靠自己。沙克尔顿挑选了四名身体强壮的队员，经过两个星期的海上颠簸，找到一个海湾，又经过长途跋涉，看到一艘捕鲸船。在智利政府的帮助下，人们用了100多天时间，分几次把其他遇险人员全部救了出来。这次举世瞩目的远征虽没达到目的，却向世人证明：一个人只要有坚强的意志强烈的求生愿望，就能战胜种种意想不到的艰难险阻，摆脱厄运。正是沙克尔顿的这种坚忍不拔的精神，使得他们成为那个时代传奇式的英雄。他们不畏艰险的品格成为世人学习的楷模。在沙克尔顿的身上，人们看到这样一个事实：一个近乎悲剧的事件，最终变成了一个辉煌的胜利。

诺登舍尔德
——东北航道的开辟者

诺登舍尔德生于芬兰首都赫尔辛基，当时芬兰处在沙皇俄国的统治下，由于政治原因他被流放到瑞典。1858年定居斯德哥尔摩，参加了北极岛斯匹茨卑尔根的探险，成为瑞典国家博物馆馆长和矿物学教授，开始筹划北冰洋航线的开拓。

为了做好北冰洋航线探险的准备工作，他从1858年至1876年先后对斯匹次卑尔根群岛、格陵兰岛、喀拉海等作了8次探险考察，取得了丰富的北极地区科考资料。

在瑞典富商奥斯卡·迪尔森的资助下，1878年7月4日，他率领“维加”号和“莉娜”号两艘轮船，从瑞典的哥德堡出发，计划发现一条“东北通道”。

众所周知，16世纪初，达·伽马开拓了欧洲到印度的航道，麦哲伦又开辟了从欧洲经大西洋穿越麦哲伦海峡横渡太平洋前往亚洲的航道。这两条航道的开辟，给东西方之间的贸易和活动带来了很大便利。但是，打开世界地图时，会发现这两条航道都很长，能否找到一条从欧洲通往亚洲的更近的航线呢？

当时，欧洲地理学家提出了一

东北航道纪念金币

个大胆的假说，认为有两条从欧洲通往亚洲的更近的航线：一条是沿北美洲北岸走，称为“东北航道”；另一条是沿亚欧大陆北岸走，称为“西北航道”。寻找从欧洲通往亚洲更近的航线，吸引了一代又一代探险者把目光投向了北极。

诺登舍尔德一行顺利穿过了喀拉海，绕过了亚马尔半岛，一直行进到东经80°20′、北纬75°30′处；同年8月中旬，帆船停泊在叶尼赛湾入口处的一个小岛附近，并把小岛和对岸的港口分别命名为迪克森岛和迪克森港。

1878年8月10日，诺登舍尔德离开迪克森岛，开始了北冰洋航道的漫漫征程。9月28日，探险船驶进楚科奇海之后，意外发生了，海上气温骤降，海面很快冰封，“维加”号被冻在海面上丝毫不能动弹。面对一片茫茫坚冰，全体船员只得忍受着难以想象的严寒和风暴袭击艰难度日，直到第二年7月18日，被封冻了近10个月的海面才开始解冻。完好无损的航船得以向白令海峡航行。

这次航海探险，诺登舍尔德不仅实现了人类首次发现北冰洋航线的梦想，而且他率领的探险船还创造了人类航海探险史上船员无一人伤亡、船体完好无损的奇迹。

在这条以前没人航行过的航道上，诺登舍尔德一行战战兢兢，不断修正海图上的错误和纰漏，小心翼翼地绕过水下浅滩和无名海岛；另外，他们还认真记录着天气变化、浮冰漂流等自然现象。之后，他们取道日本横滨、中国广州、印度锡兰，穿过苏伊士运河、直布罗陀海峡，于1880年4月24日回到瑞典。

诺登舍尔德因成为北冰洋航线的开拓者而享誉全球。以他的姓氏命名的有位于今俄罗斯喀拉海东南的诺登舍尔德群岛，新地岛西北部的诺登舍尔德湾、诺登舍尔德角，北美洲加拿大的诺登舍尔德河，北欧挪威的诺登舍尔德半岛；另外，北冰洋的拉普捷夫海也曾一度称为诺登舍尔德海。

东北航道开拓

2008年10月20日，格陵兰邮政与芬兰邮政联合发行小全张，纪念诺登舍尔德开通东北航线130周年。

第五章
奇趣海洋之谜

当我们不能用科学手段，去解释那些奇异的现象，当我们无法穿越时空，去证实那些神奇的传说，这些神秘的事件便成了一个个令人疑惑的未解之谜：如百慕大三角、亚特兰蒂斯……

神秘的百慕大三角

百慕大三角，一个令人感到恐惧的名字，它仿佛成了死亡的代名词。细数 20 世纪发生的那些离奇事件，百慕大三角的那一连串飞机与轮船失踪案最让人匪夷所思。天空万里晴好，海面风平浪静，然而，船只无声无息地失踪，飞机消失在蔚蓝的天空。没有残骸，也没有求救，凭空消失，只留下空荡荡的百慕大三角。数以百计的离奇事故，非同寻常的失事现象，这些不断发生的灾难成了科学界长久不解的“百慕大三角”谜团。百慕大也几乎变成了人类难以逾越的“禁区”。究竟是什么给了百慕大如此可怕的邪恶力量呢？是变化莫测的天气，还是神奇的磁场？是未知的神秘力量，还是传说中的怪兽？神奇的百慕大展示着大自然中不为人类所知的一面。

百慕大三角在北大西洋的马尾藻海，是指北起百慕大，向西南延伸到美国佛罗里达州南部的迈阿密，

神秘的百慕大三角

再转向东南通过巴哈马群岛，穿过波多黎各，到西经 40° 附近的圣胡安，最后折回百慕大而形成的一个三角形海区，称为百慕大三角区或“魔鬼三角”。之所以会划出这个区域，是因为 1945 年 12 月 5 日，美国 19 飞行队在训练时突然失踪，当时预定的飞行计划就是这个三角形。后来这个地区不断地出现事故，数以百计的船只和飞机失事，数以千计的人在此丧生。随着事故的发生，百慕大也多了一些恐怖的名字，除了“魔鬼三角”还有“厄运海”、“魔海”、“海轮的墓地”等称号。而这些称号又反过来烘托了这里本来就有的神秘而恐怖的气氛。

百慕大海区无法解释的神秘失踪事件，可以追溯到 19 世纪中叶。早在 1840 年 8 月，有人在百慕大附近海面发现了一艘名叫“洛查理”号的法国货船漂浮在那里。当时船上风帆挺立，船体几乎没有损坏，船上的食物也基本没坏，货物也整齐地安放在那里，唯一的变化就是所有的船员都消失不见了，只剩下一只饿得半死的金丝鸟。人们不禁要问，这里到底发生了什么呢？为什么船员会弃船而逃？抑或是遇到什么灾难全军覆灭了吗？那为什么船和船上的货物却完好如初呢？各种疑问萦绕在人们心头，但谁都不知道答案。不久后，离奇的事件又再次发生。1872 年，人们发现一艘名叫“玛丽亚·米列斯特”的双桅船在亚速尔群岛以西的海面上漂浮着，新鲜的水果和食物仍在桌上摆放着，还有半杯没有喝完的咖啡剩在那里。墙壁上的挂钟依然安详地运行着，装满机油的小瓶子也静立在缝纫机的台板上。但是船上连一个人影儿都没有，它们似乎一下子“融化”在海洋里。这一切除了能说明这艘船没有遇到风浪之外，丝毫不能解释它的主人为何弃船而去。

百慕大海底沉船

1945 年发生的失踪案件，正是“百慕大三角”名称得来的缘由。1945 年 12 月的一天，有着丰富飞行经验的美国 19 飞行队队长泰勒，带领 14 名飞行员驾驶着 5 架复仇者式鱼雷轰炸机，在佛罗里达州劳德代尔堡机场起飞后进行训练。起初一切顺利，但当飞机经过巴哈马群岛上空时，基地收到了泰勒的呼叫，像是迷失了方向，但没有引起足够的重视。之后泰勒又发了几次呼救，但电波越来越不清晰，最后消失在一片沉寂中。此时，指挥部意识到了事情的严重性，立即派一架水上飞机前去搜寻。半个小时过后，一艘油轮上的人发现了一团火焰，飞机竟然坠落了。短短的6小时里，6架飞机、15位飞行员一起消失。消失的过程令人十分费解。

这件离奇而惨痛的飞机失事事件令美国当局大为震惊，随后便出动了300架飞机和包括航空母舰在内的21艘舰艇，进行了最大规模的搜寻，自信满满的美国决定要将这踪离奇案件查个水落石出。然而，当他们耗时5日，搜索了从百慕大一直到墨西哥湾的每一寸海面时，依旧没有找到那6架飞机的踪影。多年过去了，对于此事的解释仍然众说纷纭。这件事情一经披露，百慕大海域也随之出名。

离奇事件并没有随着时间的流逝而终止，百慕大依然施展着它的魔力。一架私人飞机于1977年2月飞至百慕大海域上空时，有人发现飞机的罗盘指针竟然偏离了几十度，饭桌上盘子里的刀叉也变弯了。当飞机飞离这片海域后，一股强烈的噪音留在了录音机中。

世界之大，无奇不有，几家欢乐几家忧。当百慕大逐渐成为航海者的克星时，百慕大群岛的人们却迎来了他们发财的机会。百慕大群岛的人十分聪明，他们有着精明的商业头脑，因为百慕大经常发生海难事故，救险工作就显得尤为重要。于是岛上居民组成的海难救险队就在瑞克丘陵和吉比斯丘陵不分昼夜地等待着海难呼救信号。一旦有船触礁，无数条大船便风驰电掣般驶向出事地点，营救死里逃生的船员，并从他们那里得到一笔丰厚的酬金。也正是因为这里海难频发，才形成了百慕大独具特色的旅游业。

从历史记录来看，1945年以后，数以百计的飞机和船只无故消失在百慕大海域。如此之多的神秘失踪事件，无法解释的离奇现象，使人们越来越感到这不只是偶然。百慕大发生的离奇事件，引起了各国科学家和有关方面的注意。究竟是什么原因导致百慕大成为令人毛骨悚然的魔鬼地区呢？人们对此提出了种种猜想。

黑洞之说，即一些具有强大吸引力的天体曾坠落在百慕大海区，它们已经变成体积极小但密度极大的物体，任何物质包括光线，只要在它旁边都会被吸进去。但它却不释放任何物质，所以人们无法发现它。它犹如一个黑洞，船和飞机受其影响，来不及求救就被吸入海中。

还有人指出，百慕大三角区的海底有一股不同于海面潮水涌动流向的潜流，当上下两股潜流发生冲突时，海难就产生了。灾难之后，那些船的残骸又被那股潜流拖到远处，所以一些船只在百慕大海区失事，该处却找不到踪影。例如，在百慕大失踪船只的残骸，却在太平洋东南部的圣大杜岛沿海被发现了。

另外还有次声说、平行时空说等。

有人认为是百慕大海底巨大的磁场在作怪，因为在那里出现的各种奇异事件中，罗盘失灵是最常发生的，所以便将其与地磁异常联系在一起。地球有两个磁极，而且它们处于不断变化中，地磁异常能够造成罗盘失灵而使船只迷航。科学家们还注意到在百慕大三角海域失事的时间多在阴历月初和月中，这是月球对地球潮汐作用最强的时间。

众所周知，可燃冰是一种新发现的对人类很有价值的能源，那么，它也能给人类带来灾难吗？后来，英国地质学家克雷奈尔教授提出了一种新的观点，他认为，百慕大海域之所以经常出现沉船或坠机事件，罪魁祸首正是因可燃冰而产生的巨大沼气泡。因为百慕大海底地层下面蕴藏着可燃冰，当海底发生猛烈的地震活动时，埋在地下的块状晶体被翻了出来，因外界压力减轻，便会迅速气化。大量的气泡上升到水面，使海水密度降低，失去原来所具有的浮力。这样就会形成一个大的气泡空腔，由于压力瞬间减小，吸入恰逢此时经过的船只，它们就会像石头一样沉入海底。如果此时正好有飞机经过，当沼气遇到灼热的飞机发动机，飞机会立即燃烧爆炸而荡然无存。

你知道吗

什么是可燃冰

天然气水合物是分布于深海沉积物或陆域的永久冻土中，由天然气与水在高压低温条件下形成的类冰状的结晶物质。因其外观像冰一样而且遇火即可燃烧，所以又被称作“可燃冰”或者“固体瓦斯”和“气冰”。

百慕大三角离奇事件之谜至今虽仍未解开，但目前哈奇森提出的解释获得了最多的认同。哈奇森，这个对物理颇感兴趣的加拿大人进行了震惊世人的实验——“百慕大神奇现象再现”。1979 年的一天，热衷于奇怪试验的哈奇森正在研究特斯拉的电磁波试验。当一切准备就绪后，他在静静地等待着实验结果。故事就在不经意间开始了：哈奇森在观察实验的同时感觉到有个东西突然落在了自己的肩膀上，原来是一块金属片，哈奇森没在意，随手将它扔了出去。但奇怪的是它又飞回来了，又打在了他的身上。这时，一根放在地上的大铁棒竟然也飞起来了，还在空中停留了一会儿才落下。为了给这些奇异现象一个科学的解释，哈奇森不断地重复着他的实验。结果又接二连三地出现惊人的现象，很多物体都能在空中逗留一阵子，像塑料、锌、铜等能在空中不断地盘旋和来回穿梭，某些物体甚至能够以飞快的速度猛烈地撞击到人的身上。只是，这样的魔幻效应没有规律可循，不是随时都可以看到的，有时候要经过好几天才可能出现一次。

经过哈奇森的多次电磁实验后，他终于对这些现象有了一些认识。于是，更多新奇现象接踵而至，用水泥和石头建制的房子旁边可以瞬间着火；镜子会自动破碎，碎块可以冲到百米外的地方；不同材质的金属常温下便可熔合在一起，有的金属甚至可以变成泥状或果冻状的物质，在磁场消除后它们又会恢复原样，变成坚硬的金属；不同的光束和光环在空中显现；容器里面的水开始旋转……这些奇特的现象就被称为“哈奇森效应”。

百慕大

人们惊奇地发现，哈奇森实验室的新奇现象竟然与百慕大三角发生的离奇现象有着惊人的相似，或者说，哈奇森效应就是百慕大种种怪象的完美再现，古怪的光亮、奇异的绿光和磷光、奇怪的漩涡云团和异常的电磁……某些实验中，有的物体也会蒙着一层灰色而朦胧的雾，在房间里如同幽灵般漂移、飞转。所以，哈奇森相信百慕大三角发生的各种离奇怪象与电磁有着密切的关系。但是电磁能够令船只和飞机消失不见吗？哈奇森认为是完全可能的。因为大自然自身就能生成实验室里制造的种种磁场，再在适当的情况下悄无声息地将船只和飞机碎裂或者隐没，抑或是消失在另外的领域中去。

哈奇森效应轰动了世界。于是人们重新审视了百慕大发生的各种现象，也鉴于实验所产生的效果，人们想知道自己身边是否也有电磁“漩涡”的存在。显然，太多的自然界的秘密我们还没有解开，电磁的力量依旧不可捉摸。或许正是这股神奇力量才是打开大自然惊人现象大门的钥匙。哈奇森效应的发现，向人们展示了我们周围无处不在的巨大潜能。无论这些潜能对我们来说有益还是无益，我们都应当了解它们，重视它们。

永远的亚特兰蒂斯

几千年来，在欧洲、美洲和非洲民间广泛流传着一个极其古老而奇妙的传说——亚特兰蒂斯古国。相信对古代文明感兴趣的人对这个名字都不会感到陌生，因为在众多失落的史前文明中，亚特兰蒂斯是最著名的一个，它给人类留下了太多的不解之外。亚特兰蒂斯曾以其高度发达的文明,存在于大西洋上。但就是这个曾经辉煌得不可一世的亚特兰蒂斯，竟于一夜之间消失得无影无踪。亚特兰蒂斯的离奇失踪，引起了人们不断的猜想和争论。很多个世纪过去了，亚特兰蒂斯仍然使我们无法释怀。探险家们不断地追寻着亚特兰蒂斯岁月变幻的脚步，企图在它彻底消失前能够一睹真容。但是，人们能够找到真正的亚特兰蒂斯吗？

公元前 4 世纪，古希腊伟大的哲学家柏拉图在他的《对话录》中，生动地描述了一个繁荣而强大的帝国最终被毁灭的故事，这个帝国就是亚特兰蒂斯。

大西洋上有一块独特而神奇的大陆——大西洲，那里气候温和、土地肥沃、森林茂盛、风景绮丽，除了种植有多种农作物之外，还有数不清的奇珍异果、奇花异草。在这块陆地上，有一个历史悠久且高度文明的古国——亚特兰蒂斯王国。亚特兰蒂斯周围多山，中间是一块开阔的大平原。那里矿产丰富，金银成山，植物丰茂，动物繁多，是一个堪称人间天堂的王国。在雄伟壮观的王国里,宫殿林立,室宇栉比,金碧辉煌，墙壁和天花板上还绘有生动逼真的图画，雕镂和镶嵌工艺精细，堪称古代建筑和园林工艺的精华。亚特兰蒂斯人在那里过着富足和欢乐的生活。亚特兰蒂斯不仅有华丽的宫殿和神庙，还有着完备的行政机构和典章礼节。道路四通八达，运河纵横交错，还有设备完善的港埠及船只，贸易往来十分发达。同时，亚特兰蒂斯也是一个强大的帝国，它兵多将广，骁勇善战，王国有着强大的军事力量，曾征服了包括埃及在内的地中海沿岸区域。可以说，亚特兰蒂斯代表了大西洲的精粹，是文化艺术和工艺水平的集中体现。它的建筑、它的经济使它成为一座纪念碑式的城市，是其他国家的典范，这也是亚特兰蒂斯的伟大所在。

那么，亚特兰蒂斯为什么不复存在了呢？传说认为，起初亚特兰蒂斯人诚实善良，高尚天真，具有超凡脱俗的智慧。他们通过自己的辛勤劳动，创造了数不尽的财富，过着无忧无虑的生活。然而，随着时间的流逝，他们的生活变得越来越腐化，人们日日歌舞升平、醉生梦死。无休止的极尽奢华和道德沦丧终于激怒了众神，于是海神波塞冬一夜之间将地震和洪水降临在大西洲上，亚特兰蒂斯便在没有任何预兆的情况下突然沉入了海底。从此，亚特兰蒂斯在地球的大陆板块上永远地消失了。

消失的亚特兰蒂斯成了人们无法解答的谜题。关于极度发达的亚特兰蒂斯文明的毁灭，长久以来都归咎于地震和洪水。但是，这种灾难能够使一个强大的帝国如此快地消失得无影无踪吗？于是，有人对亚特兰蒂斯的存在提出了质疑，争论由此开始。

海底的亚特兰蒂斯

最早记录亚特兰蒂斯传说的是古希腊伟大的哲学家柏拉图，他在公元前350年前后，记录了他的老师、大哲学家苏格拉底在公元前421年与弟子的一次对话。从此，关于亚特兰蒂斯失落的传说第一次有了较为详细的文字记载。在柏拉图《对话录》的描述中，亚特兰蒂斯是一个美丽、繁荣、技术先进的岛屿。他在书中提到过，关于亚特兰蒂斯的故事，最早是从希腊著名政治家梭伦那里得来的。梭伦是在一次埃及的旅行中无意间从一个高级祭司那里听到的，而且埃及的神殿里还刻着亚特兰蒂斯的故事。在柏拉图之前，这个故事一直在希腊口耳相传。

但对于柏拉图的记载，人们众说纷纭。一种认为柏拉图的记载真实可靠，因为他用写实的手法具体生动地描绘了一个极其文明的古国，这可以使人相信它的真实性，亚特兰蒂斯人只不过是史前的另一代人而已。而且梭伦是个公认的诚实人，连苏格拉底也说，“这个故事好就好在它是事实，比那些虚构的故事强多了”。但也有人认为柏拉图的记载并不可信。因为柏拉图在听到这个故事后曾亲自到埃及寻找过亚特兰蒂斯的痕迹，尽管也听到了一些传说，但始终没有真实的证据。甚至有人认为这很有可能是柏拉图借鉴了过去的记忆，如米诺斯火山喷发或特洛伊战争等，从而自己勾勒出了一个令人向往的世外桃源。因为柏拉图一直提倡“理想国”，所以便虚构了亚特兰蒂斯的传说，以达到其说教的目的。

你知道吗

梭伦的生平

梭伦（前638~前559年），生于雅典，出身于没落的贵族。他年轻时一面经商，一面游历，到过许多地方，漫游名胜古迹，考察社会风情。梭伦是古代雅典的政治家，立法者、诗人、是古希腊七贤之一。梭伦在前594年出任雅典城邦的第一任执政官，制定法律，进行改革，史称“梭伦改革”。他在诗歌方面也有成就，诗作主要是赞颂雅典城邦及法律的。他是古希腊最杰出的政治家之一，也是一位多才多艺的诗人。

如此灿烂辉煌的亚特兰蒂斯竟于一夜之间消失得无影无踪，那么，这个令世人瞩目的文明到底在哪里呢？千百年来，人们一直在寻找着这个神奇的国度。古代就已经有不少探险家进行过尝试，期待着寻找到柏拉图笔下描绘的那片绿洲。中世纪晚期，在欧洲人寻找新大陆的热潮中，甚至有人将亚特兰蒂斯画在了航海图上。

1968年，一位名叫罗伯特·布鲁斯的飞行员在巴哈马群岛大礁群上空飞行时，隐隐约约地看见几米深的水下有一片方形的阴影区，而且分布很有规律。布鲁斯猜测，这可能是沉没的人类建筑，兴奋的他立即对这片海面进行了拍照。之后，他与一些探险家和科学家重返那片海域，对它进行水下考察，并获得了一些宝贵的发现。原来这是一个由巨大长方形石头砌成的“T”字形结构，每块石头都很整齐地排列着，就像城墙和道路的一部分。一些地质学家和研究亚特兰蒂斯的科学家坚信这是一些人工建筑，它看起来就像是一个沉没多年的码头。于是，有人猜想这很可能就是亚特兰蒂斯遗留下的痕迹。

只要亚特兰蒂斯一天没有被人们找到，它的神秘就仍吸引着人们。20世纪70年代初，有研究人员在大西洋的亚速尔群岛附近，从800米深的海底中钻出泥芯，经过鉴定，证明在1万年以前这里确实是陆地。这与柏拉图所描述的亚特兰蒂斯沉没的时间和地点惊人的相似。1974年，苏联的一支科考队在大西洋底拍摄到了8张照片，当把它们拼接起来的时候，竟是一座令人惊奇的宏大的古代人工建筑，有人相信这便是亚特兰蒂斯的遗址。2002年，加拿大科学家在古巴近海海底发现了8座类似巨型金字塔的建筑，而且它们分布得十分规律。还有一些白色的巨石方阵，看起来就像一座被海水突然吞没的城市的废墟。有人猜测，这或许可以给亚特兰蒂斯的存在提供一些有力的证据。在随后的探索发现中，人们在海底还找到了类似宽阔的鹅卵石道路的岩层，还有人发现了巨石墙壁、金字塔以及巨石围成的环形景观等。但是至今这些描述还缺乏确凿有力的证据，因为这些水下发现还不能确定就是人工建造的，即使是人工建筑，也不能断定就是亚特兰蒂斯的遗址。至于对亚特兰蒂斯本身，人们仍在探索。尽管亚特兰蒂斯千呼万唤也没有一展芳容，但探险家们对亚特兰蒂斯的热情丝毫未减。2011年，仍有探险队奔赴大西洋各处，找寻传说中的古代大陆。

失落的帝国，亚特兰蒂斯

对于海底失落文明的探索在继续，人们仍在试着解读历史的心声。尽管当时繁华的城市如今只剩下荒凉的遗址，但人们探索的热情并没有减退，神秘的海底仍在吸引着我们前行，去了解历史，了解我们人类自己。

探索“泰坦尼克号”沉没的秘密

1998年轰动世界的《泰坦尼克号》电影，创造了票房最高纪录。2012年的4月，3D版的《泰坦尼克号》的电影在全球放映，引起人们极大关注。2012年刚好是此船悲剧发生100周年，全球不少城市在悼念当年的死难者。人们之所以念念不忘该船的悲剧，是希望不要再发生此类的悲剧。有的史学家至今不能信服发生悲剧的那些理由和原因，沉没真正的原因如今还是个谜。

为了解开这个谜，探险家们要运用高科技的装备，到3000余米的海底看个究竟。

“泰坦尼克”号是20世纪初由英国建造的一艘豪华型邮轮，在1912年4月10日从英国安普敦港起锚，在横渡大西洋前往纽约的首次航途中，于北大西洋多冰海域与冰山相撞，不幸沉入海底。1985年，由美国和法国组成联合探险队发现了该船残骸。这次载人下潜到3110余米的深度，实地进行探察，这是世界上前所未有的创举，它不亚于宇航员在遥远陌生的星球上着陆的危险程度。

1986年7月13日，在北大西洋海域，美国海军的探险队员们乘深潜器，去探访海底的“泰坦尼克”。他们的目的是想调查沉船在海底的情况，有没有珍宝，日后能不能打捞。

“在那边。”马丁轻轻地说。

“好像是只吊灯！”

“不可能吧！”马丁不停地反驳。

的确令人难以置信。因为这艘巨轮沉到数千多米深的海底下，就如一列飞奔而来的列车撞上了大山，吊灯类的东西能保住吗？

但世间的事物都有例外，这盏吊灯果真完好地保存下来。马丁还是有些怀疑，他操纵“小贾森”进入房间，来到离那只吊灯不足1米处，一切都证实这盏吊灯完好无损的奇迹。

这次水下时间很快就到了，只好返回海面。

以往人们把“泰坦尼克”号沉没归咎于右舷被冰山撞开了一条300米长的大裂缝而造成的。巴拉德一直怀疑这个观点，想要揭开这个谜底。他们设法使“阿尔文”号潜航到沉船的船艄旁着地。从海面急速下潜的动力使“阿尔文”号陷入海底泥沙之中，这股撞击力几乎使“泰坦尼克”号向左移动了一下，使右舷船体与依附其上的泥沙之间出现一条缝隙。他们的深潜器贴近竖直的铜铁船体慢慢移动，试图发现那条推断中的裂缝。可他们除了看到船板向里弯折和铆钉脱落外，别的什么也没有发现。从后来考察拍摄的照片中，他们发现右舷铜板上有一个洞，但并不大，只有几米。看来这个疑点还是得不到圆满的解答。

你知道吗

什么是铆钉

一种金属制一端有帽的杆状零件，穿入被连接的构件后，在杆的外端打、压出另一头，将构件压紧、固定。在铆接中，利用自身形变或过盈连接被铆接件的零件。铆钉种类很多，而且不拘形式。

在这8次考察中，巴拉德他们看到一些难忘的镜头。有一次，他们透过深潜器的舷窗和水下机器人，看到了这样一幅场面："泰坦尼克"号在海中折断时，很像一个被肢解的娃娃头一样掉进了一片松软的泥土中，所以一只漂亮的瓷杯平稳地矗立在巨大的船用锅炉的顶端。船上的小型电气供暖器散落在周围海底，成为当年短暂的舒适与享乐航行的历史见证。在这样悲惨的场地游览，无生命的东西也会呈现出人的气质。有一次，他们慢慢沿着沉船体行进，那些黑乎乎的舷窗看上去就像一双溢满泪水的眼睛。

多次的水下考察，他们发现船艏和船艉判若两个世界：船艏依旧完好无损，保持着它往昔的尊严；而船艉则像遭到浩劫之后的凄凉。要知道，当年乘客和船员们，就是聚集在船艉走向死亡的。

通过对"泰坦尼克"号先后8次探险调查，最大的发现只有两条。第一，"泰坦尼克"号上的贵重物品和金银财宝已被洗劫一空，到底是什么人干的，使用了什么样的高科技装备，成了一个不解之谜。第二，"泰坦尼克"号并不是被冰山撞沉的，而是300万颗铆钉质量不合格造成的，撞上冰山后使船体散架从而造成快速沉没。

"泰坦尼克"号沉没的新说，归结于小小的铆钉，听起来有点令人难以置信，但细细想来，给人们的警示是很深刻的。

但是对这些新说，并不能令人信服。近几年来，英国史学家提姆·马尔汀又有新说。当时船撞上冰山之后，船长下令向附近船只打出"快来，船要沉了"的求救信号，却没有得任何回应。有人见到过一盏灯光向"泰坦尼克"号靠近，可是突然消失了。这位史学家对该船沉没研究多年，读了数以万计份证词和专家报告，其中也包括海底探险家的报告，他发现这些理由都站不住脚。他坚信事实才是关键。为了寻找沉船记录，提姆向全世界航海资料库提交申请，查看3.7万份记录，提姆找到了当年沉船位置的记录，

泰坦尼克号沉船瞬间

也找到同时同刻其他船只的航海记录。提姆发现一件怪事，几乎所有船只都发现那天有异常现象：那天8时，海上有大量折射现象，中午、下午以至夜里都有折射，星星好像特别多，比平时都要亮好几倍，景象十分奇特。提姆终于发现，那天“泰坦尼克”号可能遇上了海市蜃楼而发生了不幸……

伊尔哈特飞越太平洋神秘失踪

1937年伊尔哈特小姐，单人驾机飞越大西洋获得成功，成了第一个女性探险家。1937年6月，她又向新闻界宣布：她要驾驶“艾里克特”号飞机横渡太平洋。但她没有想到，在这次飞行中发生了一串怪事，她神秘地失踪了。

伊尔哈特小姐自小就热爱飞行。这次选择横渡太平洋的航线，是从新几内亚莱城起飞，中间经过豪兰岛，距离约4200千米。

豪兰岛是太平洋波利尼亚群岛中的一个珊瑚岛，长4000米、宽3000米，岛上森林茂密，覆盖着厚厚的鹈鹕鸟粪。由于渔业资源丰富，19世纪中叶，岛上就建有渔场，同时还建有海洋气象站、鱼类加工厂和鸟粪采集场。

但从1925年起，便传出该岛神秘莫测，来往船只莫名其妙地突然失踪，连船骸和遇难者尸体也无踪影。美国政府为了弄清出事原因，曾派一个海洋调查组对该海域进行考察。但在备航期间，又发生了一件令人惊讶的事：1937年3月，巴西一艘大货轮在豪兰岛海域，又莫名其妙地失踪。美国不得不宣布推迟海洋调查船出发的时间。

美国当局了解到伊尔哈特小姐的飞行路线要经过豪兰岛到夏威夷，便将在豪兰岛上空的部分测量任务委托她去完成，伊尔哈特小姐答应了。

伊尔哈特小姐计划7月1日从莱城起飞，不着陆飞行4200千米到达豪兰岛。正当她起飞时，天气突然变坏，她被迫推迟起飞时间。第二天，天气晴朗，上午7时，她要准备飞了，一群记者簇拥着她在那架飞机跟前又拍照，又向她提出各种各样的问题，她踌躇满志地回答，显得轻松自信。她的飞机是波音洛基德型飞机，在当时来说性能是最好的。9时整，她驾机升空，离开了莱城。飞行开始很顺利，无线电话联系也正常。每隔30分钟她与地面联系一次。她说：我在离豪兰岛500海里上空。

豪兰岛上有美国军用机场电台

跟她保持联系，再过一个小时伊尔哈特小姐就可到该岛上空了。突然伊尔哈特小姐发出不安地呼叫：“我的飞机进入一种类似海绵体的‘湿海风肺腔’里，这既不是天空，又不是海洋，而是一种混合物，有强大的磁场……我的飞机遇上浓雾，又像急剧上腾的蒸汽。我仍然看不到陆地……我的位置在豪兰岛以西160海里……我的油料只能飞半小时了。”干扰越来越大，豪兰岛上电台报务员越来越听不清伊尔哈特小姐的呼叫声，当地时间19时12分，女飞行员与豪兰岛的联系完全中断，飞机莫名其妙地失踪了。

豪兰岛上的人们万分焦急，报务员不停地呼叫，可是听不到伊尔哈特小姐一点声音。人们赶紧在岛上点起火堆，映得天空通红，可是天空中什么也没有出现。从时间表上看，伊尔哈特驾驶的飞机此时油料已耗尽，都盼望她在豪兰岛上迫降，然而人们仰望半天，仍然万籁俱寂，天空中什么也没有。一架飞机立即从豪兰岛机场腾空，向伊尔哈特小姐出事地点飞去。数十分钟又返回机场，什么也没有发现。豪兰岛机场断定她出事了，立即向夏威夷报告，并同时向豪兰岛四周海域舰船发出求救信号。

英国巡洋舰“埃齐勒斯”号首先

飞跃大西洋

接到求救信号，但很微弱，7月2日深夜又消失了。7月4日，美国一支太平洋舰队离开珍珠港，前面是轻巡洋舰，随后是航空母舰“列克星敦”号，还有战列舰“科罗拉多”号、“亚利桑那”号。美国政府还向其他国家发出帮助寻找女飞行员的请求。

7月6日晚8时，法国海洋调查船“联盟”号突然听到强烈的干扰很大的求救信号，其中还有信号“K·H·A·Q”。这正是女飞行员飞机上的发报代号。豪兰岛上的电台，也突然收到伊尔哈特小姐的信号，并且说：“我在一个小岛上……我的飞机在海上漂浮。”但强大的干扰电磁波很快将信号掩没。营救者断定，伊尔哈特小姐还活着，但就是弄不清正确的方位。在这期间，美国还有两家无线电爱好者的电台，也收到了伊尔哈特小姐的求救信号。

连续几天搜索却毫无结果，但法国的“联盟”号海洋调查船，又先后两次收到伊尔哈特小姐很弱的求救信号。“联盟”号一次次发出呼叫信号：“如果你身体健康，并且在陆地，请发出4长声。”“联盟”号一次次重复呼叫，终于得到回声。下午3时35分，“联盟”号得到3长1短的信号。

营救者根据无线电信号，在豪兰岛、夏威夷和旧金山之间划直线，交叉点就断定是伊尔哈特小姐所在地。7月10日，当伊尔哈特小姐求救信号传来时，有3艘营救舰船收到信号，当时根据信号计算，目标是在豪兰岛以北260海里。事实上太平洋舰队在这个区域已搜索过多遍，英国“梅比”号也一直没有离开那片海域，他们没有看到漂流物，也没有收到求救信号。当“列克星敦”号航空母舰赶到此海域后，数十架飞机立即进行海上搜索，折腾了两天两夜，什么也没有发现。

你知道吗

豪兰岛在哪里

豪兰岛为太平洋西南部珊瑚环礁。为美国领地，在檀香山西南2,650千米处。长2.4千米，宽0.8千米，陆地面积不到1.6平方千米。1857年美国宣布对该岛及其附近的贝克岛拥有主权。1936年该岛属美国内政部管辖。现为夏威夷和澳大利亚之间的中途航空站。岛上无人居住。

正当人们烦恼万分时，法国人突然发现了伊尔哈特的海上烟火。原来这天早晨7时35分，“联盟”号的瞭望员看到右舷5海里外有橘黄色烟火从海面上升起。船长根据报告，在驾驶台用望远镜观察，确实看到了烟火，他立即向“列克星敦”号发报，航空母舰上舰长命令“联盟”号立即救援。那神秘的烟火，“联盟”号怎么开高速向它靠近，却总是追不上鬼使神差的烟火，观通航海人员测定烟火总是离“联盟”号5～6海里。在追踪个把小时之后，那烟火突然升到30米空中并迅速消失。“联盟”号的船长不知怎么回事，只好停止追踪。从7月14日起，人们再也收不到伊尔哈特小姐的任何信号，营救人员失去了信心，不得不停止救援活动。

1937年7月30日，美国报纸正式发布伊尔哈特小姐遇难的消息，并赞扬了这位从小就爱飞行的小姐的勇敢精神。

1991年4月27日，伊尔哈特小姐遇难45年后，人们突然在豪兰岛的丛林里发现了一只金属书箱，经过专家鉴定，这只神秘的书箱确定是伊尔哈特小姐的，因为箱里还有她的手迹，这就更为当年的遇难披上了一层神秘的色彩。这只书箱自然引起人们对女飞行员的怀念和回忆，失踪案也多了种种猜测，多数人认为是外星人作恶；也有人认为存在着海底巨大的磁场，使伊尔哈特小姐飞机失灵而坠海。

类似这种具有神秘色彩的怪事也不是就伊尔哈特小姐一个人遇上。美国海军有 5 架鱼雷攻击机，在太平洋上做攻击演习时，在 1 分钟之前通话还好好的，可 1 分钟之后却莫名其妙地失踪了。35 年之后，这 5 架飞机在一个大沙漠里出现，飞机还好好的，但飞行员却没有踪影了。

可见，大自然中有许多怪事目前还不能做出科学的解释，还是有揭不开的谜。豪兰岛上金属书箱的来历，海上那堆追不上的烟火，还有东一下，西一下的神秘电波……

伊尔哈特小姐飞越太平洋探险虽然没有成功，但人们永远记住了这位年轻女探险家的名字。

拉佩鲁兹失踪

拉佩鲁兹是法国人，15 岁就参加海军，曾远航到印度洋和美洲。1785 年 8 月，法国为了弥补七年战争中失去的北美和印度的大片殖民地，想通过探险队到太平洋去寻找占领岛屿来填补战争中的损失。拉佩鲁兹的探险队就是在这种背景下成立的。作为海军上校，他率领“指南针”号和“观象仪”号（共 242 人）前往太平洋探险。

船队横穿大西洋，绕过美洲到达夏威夷，以国王名义占领了库克船长被杀的毛伊岛。接着他们横穿太平洋，于 1787 年 1 月 3 日到达中国南部海岸的澳门。4 月 9 日离开马尼拉后，开始考察亚洲海岸，穿过日本海，直达鞑靼海峡，观察了位于库页岛与日本北海道之间的拉佩鲁兹海峡——以他本人命名的海峡。到堪察加半岛后，将考察记录和地图经陆路发往法国。然后又调头往南，再次穿越太平洋。12 月他们来到萨摩亚群岛，在这里跟土著人发生了冲突，“观象仪”号舰长郎格勒和生物学家拉马农及 10 名船员遇难。拉佩鲁兹随后在去澳大利亚东南部植物学湾的途中到达友谊岛（今汤加岛）和诺福克岛，并于 1788 年 3 月 10 日离开植物学湾。此后，这支探险队就神秘地失踪了。

1791 年，也就是拉佩鲁兹探险队失踪的 3 年之后，法国才派出海军准将当特尔卡斯托率两艘巡洋舰前去寻找。他们先在澳大利亚沿岸搜索，最后又驶往美拉尼西亚的圣克鲁斯群岛寻找，但什么也没有发现。

4个月后的一天夜里，桅杆瞭望哨向当特尔卡斯托报告，说左舷发现一个小岛。当时病危中的当特尔卡斯托查了一下地图，发现这个岛很小，星光下海浪在岛岸奔腾不息，他知道船无法靠上去，但他下令驶过去。他们没有上岛，2个月后这位海军准将便病死在途中了。这次探险队无功而返。

34年后，一艘英国船经过瓦尼科罗岛东南不远一个小岛时，船长狄龙从土著人手中买到一个纯银的佩剑护手，上面刻有拉佩鲁兹的名字。这一下引起英国船长的注意，这种佩剑护手只有欧洲人才有，这些土著人是从哪里弄来的呢？

英国船长跟土著人来到部落里，在那里又发现一些土著人手中拿着银勺、斧子、茶杯，这些东西都是欧洲人的。船长经过询问，才得知这些东西是土著人几年前到瓦尼科罗岛捕鱼时带回来的。他们也谈到法国两艘船的事，但说法不一：有的说船触了礁沉没了，有的说法国人是被打死的。

当时狄龙有要事在身，没有继续深入调查。他到印度交差后，向英国东印度公司提出要去查清拉佩鲁兹遇难的地点，公司同意了，并派一位法国官员同行。

1827年7月，狄龙他们来到瓦尼科罗岛，终于弄清了拉佩鲁兹探险队失踪的详情。原来几十年前拉佩鲁兹探险队中的一艘船一下子被巨浪卷到珊瑚礁上，船像鸡蛋壳一样被撞出破洞，水哗哗地涌进舱里。岛上的土著人看到船本来就稀罕，现在触礁进水他们更感到新奇，都跑来看热闹。法国一位士兵害怕了，以为这些土著人是来船上抢东西的，惊慌中就向土著人开枪，当场打倒几个。这一下土著人愤怒了，就七呼八拥地又扔石头，又射箭，双方发生了拼杀。土著人多，法国士兵全部被杀死，船上的东西被抢个精光。

这里土著人还告诉狄龙，另一艘船跟土著人很友好，还给土著人送东西，船修好后就走了。狄龙在那个珊瑚礁附近海里，捞上了几门铜炮和一口吊钟，上面写有“巴赞铸造，1785年”字样。但到底拉佩鲁兹怎么死的，谁也说不清，而这只纯银护手上的刻字，又足以证明，拉佩鲁兹肯定是在这个岛上遇难的。

100年之后的1959年，一群考古学家和潜水员们在这个岛的附近海域，捞上了锚、大炮、炮弹、铜钉，还有一枚铸有彼得大帝头像的银卢布。这个银卢布又再次证明了拉佩鲁兹的身份，因为18世纪到过西伯利亚又向南航行到瓦尼科罗岛的人，只有他一个。因此，纯银护手和银卢布这两样东西，足以证明拉佩鲁兹就是被土著人杀死的。

> **你知道吗**
>
> **库页岛的历史**
>
> 库页岛，俄罗斯称为“萨哈林岛”，是俄罗斯联邦最大的岛屿，属萨哈林州管辖。历史上为中国领土，沙皇俄国通过1860年的《中俄北京条约》逼迫清政府割让该岛。1905年和1918~1925年间，日本曾统治库页岛全境。1945年，苏联发动八月风暴军事行动，夺得库页岛全境。

究竟谁先发现的美洲

数十年来，由于科学和考古的不断发展，对谁是第一个发现美洲大陆的人有不同的说法。

1. 中国人首先发现美洲说

公元499年，一个名叫惠琛的高僧来到皇宫，向皇帝递交了一本他远洋传教的折本，说他乘船离开中国，向东远航两万里到了一个神秘国家。这个国家的居民生性平和，住在没有城墙的城市里，有高超的绘画艺术。他们能用树的内皮造纸和缝制衣服，那里的金银并不贵重，而玉石却被视为珍宝。这是个多首领的国家，有贵族和平民之分。惠琛把这个国家称为“扶桑”。

中国的不少史书上，把“扶桑”看成是日本，或者是库页岛。但后来，一些史学家对惠琛折本进行详细研究发现，“扶桑”是美洲的墨西哥。

理由在哪里呢？这些史学家的观点主要有三个方面：其一，日本和库页岛距中国不太远，也不太往来，更缺少惠琛描述的那种文明；其二，太平洋的宽度约2万千米，也就是说从中国海岸到彼岸的美洲大约2万千米；其三，公元526年福建有艘渔船被暴风刮到东面很远很远的地方。后来这艘渔船上的渔民说，他们到了“扶桑”国，那里的人长得跟中国人不一样，长得丑，主食是小菜豆。据此推理，那个“扶桑”国是墨西哥，因为皮肤黑、食小菜豆是墨西哥人的特征之一。

有些人对此有怀疑，认为中国木船漂洋过海到美洲的墨西哥，有这种可能性吗？

一些史学家对此也做了研究。1500多年前，横渡太平洋的确不是一件易事，当时对世界上任何一个国家来讲，条件都不具备，但对中国例外。因为中国的造船业已相当先进，从广州考古发现的2200年前的造船厂遗址来看，当时船坞就有29米长，已能造大船，完全有能力远航。

而且从航线上来说惠琛也完全可能到达美洲。惠琛记录的航线是：离开中国先向东北航行，然后转向正东，最后折向东南而到达“扶桑”。惠琛说的航线还一路顺风。史学家发现，惠琛描绘的这条航线，正好是沿着太平洋的环流而行，是大自然赐予的最佳航线。在亚洲东岸有一股强大的海流——黑潮，沿琉球群岛、日本向东北方向流去，平均流速每小时约2海里；在北太平洋中纬度区,有一股自西向东的洋流，叫西风漂流；在北美沿岸有一股称为加利福尼亚的洋流，自西北向东南流去。这三股洋流的流向跟惠琛讲的东北—东—东南的流向完全一样。传教而远航的高僧们，正好选择了这条最佳航线，顺风顺水完全可能到达美洲。

惠琛他们又是如何返回中国的呢？折本中虽然没有记载，但史学家们推测，惠琛还是利用太平洋的环流安全返回中国的。黑潮、西风漂流、加利福尼亚流和北赤道流组成了一个顺时针方向的北太平洋环流。人们只要认识和掌握了这个大洋环流，便可自由自在地航行在太平洋的两岸。史学家们把大洋环流称为亚洲和美洲的“理想天桥”，看来我国祖先早在1500年前就利用了这一“天桥”访问了美洲。

有中国文化影子的墨西哥文物

除了惠琛的这些记载，史学家们还从美洲考古中发现，墨西哥的文物，跟中国有许多惊人的巧合。

晶莹无瑕的美玉是中国人心目中纯洁神圣的象征，凑巧的是，太平洋彼岸的墨西哥跟中国一样把玉石当成灵气的宝贝，也把玉石雕成各种饰物，在墨西哥还出土了带有早期汉字的玉串珠。

在墨西哥出土的文物中，还有

明显带有中国特征的青铜器。那蒙古利亚型的眼睛，中国式的长辫和华夏式的帽子，几乎跟中国古代人毫无差异。美洲出土的陶器三角鼎的造型像是同一个师傅做的，跟中国完全一样。

美洲天龙的形象跟中国龙很相似，都是出于对雨神的崇拜。双头长蛇——是古代中国虹的象征，在美洲的出土文物中也有类似象征的陶器。

太阳神是美洲人上帝的象征。令人惊奇的是，他们太阳神的画法跟中国相似，而且太阳神的下边居然也有一个天字，写法也跟公元前800年到公元200年使用的天字相同。

秘鲁出土的青铜像，手中握有刻着中国汉字的牌子，这些汉字的时代大约是5世纪，上面还记载着中国一个皇帝的名字和华北一座山名。这跟惠琛访问“扶桑”国的时间是吻合的。有人说，或许这座铜像就是中国和尚传教时带过去的。

其实，还有许许多多巧合，如果把这些巧合联系起来，那就不是巧合，恰恰是中国和美洲古代人民交往的证据。而所有这一切都先于哥伦布发现美洲。因此，有些史学家认为，发现美洲的第一个人不是哥伦布，而是中国和尚。高僧们怀着强烈的传教愿望，历尽千难万险到世界各地传播他们的福音，他们第一个登上美洲大陆去普度众生，发现美洲要比哥伦布早1000年。

2. 非洲人首先发现美洲

最近一百年来，又有一些考古学家有新的发现，说第一个发现美洲的人，很可能是非洲人。他们的根据是：1939年，考古学家斯特林在墨西哥东海岸，挖出一具漂亮的巨石头像。以后几年，在距特雷斯扎博特6 ~ 10千米的地方，又挖出10个同类型雕塑头像，最大的有30吨。每个头像的模样“如出一辙”——鼻子阔而扁平，下嘴唇厚，具有非洲人的特征。

许多专家推测，头像是依照几千年前这个地区一个强大的王朝统治者的模样雕刻的。美国的一些考古学家认为：这些面朝大西洋的巨石头像，可能是非洲人到美洲大陆最明显的证据。他们比哥伦布早了2000年。他们认为这群移民可能是今天苏丹境内的人，他们曾经有过强大的军队，于公元前8世纪在埃及建立过自己的王朝。

这个国家濒临地中海和红海，因此有高超的航海技术，经常出没在地中海，来往于英伦三岛之间，进行贸易。

20世纪70年代，波兰解剖学家维尔辛斯基在奥尔梅格人的坟墓中发现一些颅骨，具有“明显的非洲人特征”。这些发现证明2000年前就有非洲人在美洲土地上生活。

史料还证明，哥伦布到达美洲海地岛时，岛上的印第安人告诉他，他们曾经跟非洲人进行过贸易，他们从非洲人手中买到过一种黄色金属的标枪。哥伦布检验了几支，结果发现标枪含金56%、铜25%、银19%。其成分与当年几内亚沿岸一带所用的标枪是一模一样的。

以上几条理由，证明非洲人先于哥伦布发现美洲。

探索海底失落的文明之谜

赫拉克利翁古城和东坎诺帕斯古城

在人类历史上，曾经存在着许多辉煌灿烂的文明，它们有的记录在史书中，有的遗存在地面上，或具体生动，或残缺不全；也有一些文明，历经沧海桑田，已经很难再寻到痕迹，有的则沉睡在了深深的海底。要想重拾深藏海底文明的往日辉煌，就需要人们对神秘莫测的海底世界进行考察和探究。

在众多失落在海底的文明中，古代埃及的两座城市——赫拉克利翁古城和东坎诺帕斯古城的发现吸引了众多关注的目光。

公元前500年前后，埃及北海岸尼罗河入海口，曾经存在着以繁华富有和规模宏大而闻名于世的赫拉克利翁古城和东坎诺帕斯古城。这两座古城曾是埃及的商贸中心，希腊船舶也大多经此从尼罗河进入埃及，市列珠玑，户盈罗绮，车水马龙，一派繁华。另外，它们还是很重要的宗教城市，建于城中的神殿每年都会吸引全球各地大量信徒前往朝圣。由此，我们不难想象古城当时盛世繁华的景象。可惜，“好花不常开，好景不常在”。古城繁华的景象没有感动历史的变迁，终于，在每年尼罗河洪水的无情泛滥下古城渐渐淹没于水下。

海底失落文明

在没有关于古城的确凿文物出现之前，我们对赫拉克利翁古城和东坎诺帕斯古城的了解只能是来源于古代典籍上的零星记载。据公元前5世纪时希腊历史学家希罗多德在书中的描述，这两座城市似乎是地中海上的岛屿，这引起了众多历史学家和考古学家的兴趣，并开始对它们的探索与研究。

法国考古学家弗兰克·高迪奥多年来一直在位于尼罗河三角洲西面的阿布齐尔海湾进行探查，在2000年之前他都没有任何发现，到2000年时，高迪奥才满心欢喜地在7米深的海底发现了两处有着残墙、栏杆,已倒塌的庙宇和雕塑等遗址。距离今天的海岸线1.6千米处有第一处遗址。经过深入挖掘，以高迪奥为主的考古团队还发现了一些护身符、钱币、珠宝首饰等，据估计应该是公元前600年的物品。通过石板上记录的文字，得知城市名应该为赫拉克利翁；通过上面刻着的税务法令及相关文字，得知签署者为奈科坦尼布一世。除此之外，考古团队又确认了两座分别供奉古希腊神话中的英雄赫拉克利斯和埃及主神的庙宇。在赫拉克利翁神庙以北的地方，还发现了大量青铜器，估计当时应该是用于祭祀的。在数千米之外考古学家还发现了第二处遗址，经考古学家鉴定，认为它应该是东坎诺帕斯古城。

经过后续的研究工作，认为这两座古城建在泥沙地上，没有足够的地面支撑,加上尼罗河洪水泛滥，地基在洪水的冲刷后，不断下沉，天长日久，洪水就把古城淹没在了水下。

沧海桑田,历史变迁;斗转星移，世纪变幻。曾经的赫拉克利翁和东坎诺帕斯古城都已成为历史，它们的容颜，它们的生命，它们的繁华，都已成过往，却在海底留给世人一种残缺之美,遗址在那里浅吟低唱，诉说着当年的灿烂辉煌……

历史不可能重现。这两座古城的繁华景象只能靠我们去想象了，但是海底探索的旅程没有终点，海底依旧深藏着太多的秘密，等待着人们去探索、去发现……

第六章 航海趣闻

航海是人类在海上航行，跨越海洋，由一方陆地去到另一方陆地的活动。在从前是一种冒险行为，因为人类的地理知识有限，彼岸是不可知的世界。人类在新石器时代晚期就已有航海活动。当时中国大陆制造的一些物品在台湾岛、大洋洲，以至厄瓜多尔等地均有发现。公元前 4 世纪希腊航海家皮忒阿斯就驾驶舟船从今马赛出发，由海上到达易北河口，成为西方最早的海上远航。

古代蛙人

青蛙是两栖类动物，它时而跳跃在碧绿的草地，时而歌唱在澄清的水中，人们把那些善于在水中潜游的人称为“蛙人”。

最古老的蛙人出现在公元前885年亚述人的裸体浮雕上。亚述是亚洲西部的文明古国，这幅浮雕上的潜水员胸前绑着两个羊皮气囊，里面充满了空气，可以供潜水员潜入水底时呼吸。这表明亚述人的潜水能力已经发展到了相当高的水平。

蛙人活动的最早记载出现在公元前5世纪。当时，波斯国王埃里克斯为了打捞一艘海洋沉船里的珍宝，雇用了希腊的著名蛙人斯凯里斯和他的女儿赛安。

他们事先讲好条件，珍宝打捞出水之后，按三七分成。

国王坐在打捞船上，亲自监督打捞工作。

斯凯里斯和他的女儿完成了打捞工作以后，波斯国王却翻脸不认账，拒绝付给斯凯里斯应得的份额。

现代潜水

斯凯里斯打了一个手势，他的女儿和他一起跳入水中，用利斧砍断了国王船只的锚绳，并且推波助澜，把国王的船只摇得七颠八倒，国王吓得冷汗直流，赶忙答应了斯凯里斯的要求。

斯凯里斯把分得的珍宝缠在身上，又同女儿一起潜入海中，他们在水中游了16千米，到达了一个名叫阿特米速姆的小岛，然后上岸回家。

那时候的潜水工具很简单，据说是一支可以衔在口里换气的芦秆。

克娄巴特拉女王是古代埃及托勒密王朝的最后一位君主。公元前51年，她奉父命同堂兄弟托勒密结婚，并共理朝政。不久姐弟失和，她被逐出亚历山大城，为了复辟和保持王位，她先后用美色迷惑罗马独裁者恺撒和执政官安东尼，演绎出了许许多多美艳绝伦的风流故事。

有一次，她同安东尼到海边钓鱼，安东尼为了在情人面前显示自己的才华，派出蛙人，悄悄地潜入海中，把又肥又大的活鱼一次又一次地挂在安东尼的鱼钩上。

“啊呀，安东尼，你真棒！”埃及女王装出一副天真的样子，对安东尼钦佩不已。其实，聪明的女王早已窥探出了安东尼的秘密。

“明天，我一定得请很多客人来看你钓鱼！”女王这样对他说。

第二天，安东尼的鱼钩刚刚放下，女王派出的蛙人抢先一步，把一条生长在黑海里的咸水鱼，挂在他的鱼钩上。安东尼得意扬扬地拉起钓竿，却引起了一阵哄笑。但是，女王仍然装得那么天真：

“啊，我们的将军真棒，一钓竿甩到了千里之外的黑海啦！”

古代蛙人的主要职业是采集海绵和珍珠，在战争中，他们也曾大显身手。

公元前5世纪末，雅典人的战舰包围了斯巴达人驻军的一个小岛。斯巴达人纪律严明，勇敢强悍，雅典人不想同他们正面交锋，只想用封锁来困死他们。

这时候，斯巴达人的蛙人出动了，他们在夜幕的掩盖之下，悄悄地从雅典人的战舰底下穿过，潜游到邻近的小岛，带着武器、粮食又潜游回来。

一个多月过去了，岛上的斯巴达人稳如泰山，倒是雅典人自己的粮食快吃完了，只好悻悻而归。

古代采珠人雕像

后来，雅典人知道了斯巴达人的秘密，也开始培养自己的蛙人。不久，他们又向锡拉开兹人开战，锡拉开兹人为了阻止雅典人的战舰靠岸，在西西里岛四周设置了许多水下障碍。

夜晚，雅典的蛙人悄悄地潜游过去，把水下障碍一一拆除，并且，用浮起的木片，指示出一条战舰出击的路标。雅典的蛙人刚走，锡拉开兹的蛙人就出动了，他们不仅重新设置了水下障碍，而且利用了雅典人的木片路标，以便把他们引入歧途。

第二天，雅典的战舰沿着浮起的路标急驰而来，结果都撞在海底木桩上。有的开膛破肚，有的动弹不得，锡拉开兹人全线出击，把雅典人打得落花流水，大败而归。古代蛙人用聪明和技艺，保卫了自己的祖国。

“猎犬”号的探险航海和达尔文

查尔斯·罗伯特·达尔文于1809年2月3日出生在英国的一位医师的家庭里，他的祖父伊拉兹马斯·达尔文是一位诗人、医师、博物学家。母亲是著名陶工的女儿，在查尔斯8岁时，她就过早地离开了人间。他的父亲年轻时也是一位妙手回春的医师，业余爱好是养花种草，在他的影响下，全家成员都与花草结下了不解之缘。达尔文年轻时受家庭的熏陶，也喜欢在户外采集植物，观察动物，可是老师偏要他待在房子里读古诗。他最不喜欢这门功课，他讨厌上学，学习成绩每况愈下，有一次他父亲大声申斥道：“你什么都不学，只会打狗抓鼠，你给自己和全家丢脸！”他被送往格拉斯哥学医，但他一见到血就怕。他父亲知道了他不愿意当医生以后，就想培养他成为一名牧师。为此，1828 ~ 1831年他又到了剑桥大学学习，但这不过是浪费时间而已，他的兴趣仍为收集甲虫。那时，达尔文受植物学教授亨斯洛的影响，以极大的兴趣阅读《韦伯尔特旅行记》《赫谢尔物理入门》等书。1831年，他从北部威尔斯的地质调查旅行回来，就接到亨斯洛教授的来信，告诉他“猎犬号”将进行探险航行，菲茨·罗伊船长可以无偿地向作为博物研究者的青年提供船室。达尔文便欣然参加了“志愿博物学家”的工作，这时，他刚好21岁。尽管遭到了父亲的强烈反对，但是他探索大自然的热情战胜了一切反对的意见，毅然地登上了“猎犬号”。

达尔文

你知道吗

什么是甲虫

鞘翅目昆虫的统称，身体外部有硬壳，前翅是角质，厚而硬，后翅是膜质，如金龟子、天牛、象鼻虫等。

“猎犬”号是一艘三桅纵帆的军舰，排水量242吨，是当时远洋航行的优秀船舶之一。1825年，第一次远航就是对麦哲伦海峡进行了考察，第二次就是达尔文乘坐的这一次。这次航行对达尔文的一生起了最重要的作用。1831年12月27日，“猎犬”号起航，达尔文告别了他的恋人表姐爱玛，登上了“猎犬”号舰。正像达尔文曾给菲茨·罗伊船长的信中写的那样：“这是非常光荣的一天，是我第二个人生的开始。”

在菲茨·罗伊船长指挥下于1832 ~ 1836年间进行了一次环球科学考察。“猎犬”号上的探险者们，迎着12月末的暴风雪，艰难地开出了普利矛斯的德公港。

这次考察的主要工作是绘制南美洲，特别是其南部的海岸图。在航行中，达尔文直接接触了自然科学的各个学科，使他第一次受到了真正的训练和教育；也正是通过这次航海，才使他的观察能力大有进展。所到之处，他大量地调查了地质与化石，与以前精读过的莱厄尔的《地质学原理》进行对照，从而了解到了这本书的重要价值。达尔文收集了各个分科的动物，记载了大量的海洋动物，并做了一些简单的解剖。同时他还认真地记日记，把所有的见闻都详细地记录下来，养成了把书本上的东西和实际见闻结合在一起的好习惯。唯恐旅行中资料丢失，他以给家乡通信的方式，不断将宝贵资料寄回英国。

在这五年的出海调查中，他以顽强的毅力，克服了极度晕船的困

改变世界的《物种起源》

难，全身心投入工作。一次晕船使达尔文整整四天四夜不能进食，也无法安睡。在穿越南大西洋到达巴西的途中，他又一次经受着热病的折磨。此外，他还面临着可能遭受毒蛇猛兽袭击的危险，甚至还有可能被土著人杀害。有一次，他差点被印第安人捉住，不得不躲进山洞，直到天黑才逃脱。面对死亡的威胁，达尔文硬着头皮顶了过来。

正如他自己所说："如果这次航行半途而废，那么将使我在坟墓中也不会安宁。"

在这次航海中，达尔文作为一名科学家，得到了锻炼和成长，真正尝到了观察和推理的喜悦。在航海过程中他经常要上岸采集标本，那些郁郁葱葱的山脉、靠近赤道的热带植物等，都给达尔文留下了极其深刻的印象。他漫游了雨水丰沛的巴西原始森林，穿越了乌拉圭和阿根廷之间的潘帕斯大草原，踏遍了帕塔戈尼亚的莽莽原野，攀登了南美海岸的悬崖峭壁，采集了各种珍贵的动植物标本。达尔文对捉到的每一种动物，从微小的昆虫，到吃人的美洲狮、虎，几乎都进行了解剖，详细研究和描述了它们的生活习性。当"猎犬"号越过南回归线，到达秘鲁首都利马时，已是第二年的夏季了，经过短暂的休整，又向西北方向航行 1200 千米，到达了位于赤道线上的加拉帕戈斯群岛。

在南美洲厄瓜多尔以西 1000 千米的赤道太平洋上，耸立着一组群岛，由 13 个大岛和几百个小岛组成。这就是有名的加拉帕戈斯群岛，又叫科隆群岛。它以众多的火山而闻名于世：所有岛屿都是由火山熔岩堆积而成，形成时间不到 200 万年，大部分岛屿年龄都在 100 万年左右。整个群岛有大小火山口 2000 多个，大约每隔 35 千米就有一个。从海上望去，各岛都耸立着高大的火山锥，烟雾弥漫，夹杂着低沉的隆隆声，在闷热、无风的海面上，有着令人不可捉摸的神秘和恐惧。踏上岛后，到处都是黝黑的玄武岩，有的像扭曲的绳索，有的像一堆牛粪，有的像舌头从山坡伸入大海，乍看之下，使人觉得到了另外一个世界。

1698 年，一个法国航海船队在左安·德·博谢纳指挥下来到这里，尽管已经精疲力竭，需要休息，但是船员看到这些恐怖现象之后，纷纷要求立刻离开这恐怖的"自然博物馆"。

最令达尔文感兴趣的是，这里各个小岛的动植物形态各异。这些岛上的动植物虽然跟南美大陆上的都很相像，但是大多数属于不同的物种。他看出一个岛上的鸟和另一

加拉帕戈斯群岛上的动物

个岛上同种鸟儿并不完全一样：它们的毛色、叫声、巢和卵等等，都有种种差异。在岛上，他至少采集了23种不同的鸟标本，都是新品种，没有一种是在大陆上发现过的。岛上的蝴蝶也和大陆上很相似，但是要小得多。

他又看到只有在加拉帕戈斯才有的两种巨龟，有的大到要八个人才抬得动。他又发现当地人一眼就可以看出哪只龟是从哪一个岛游来的。

达尔文在他的日记里这样写着:“这一切使我感到惊讶。”他认为，所有这些相似点与相异点，一定是有道理的。尽管岛上的物种的祖先是从大陆上来的，但受到这里特殊的地理环境和气候条件强烈影响。这些岛屿南北排列，而这里的海流又以东西方向为最强，群岛很少受风暴的袭击，没有媒介使各岛之间的植物种子、昆虫和鸟类互相交流。后来经过了长期的变化，两地的物种才逐渐地变得彼此不同了。

正是在这个奇妙的海岛上，诞生了达尔文进化论的最初萌芽，给他以后提出的“进化”思想奠定了极其坚实的基础。1842年，达尔文根据珊瑚礁的构造和分布，提出了关于珊瑚礁成因的学说。他认为，随着火山岛升降和受到侵蚀的同时，在暖海形成以珊瑚礁为边缘的裙礁，然后变成堡礁，最后变成环礁。后来，根据盖约特的调查以及对环礁的钻

加拉帕戈斯群岛的生物

探资料，他的学说得到了证实。在“猎犬”号沿着南美沿岸北上时，达尔文从发光的浮游生物体上观察出磷光现象。根据显微镜观察可以看出：由于种类不同，“磷光”也不同。

达尔文后来讲，从1836年回国至1839年结婚的两年零三个月期间，是他的一生中出成果最多的时期。后来，由于航海时健康受到损害，1842年便离开伦敦到农村去生活。那清新的空气，恬静的田园风光，使他的健康得到恢复。在此期间，他整理、研究了堆积如山的资料，并把全部精力和时间都放在整理《物种起源》一书上。1858年，他44岁时，开始归纳总结，从事论文创作。

达尔文划时代的不朽著作《物种起源：通过自然选择或生存斗争中适者保留》一书，于1859年出版。给当时神创世界学说投下了一枚重磅炸弹，造成了深远的社会及科学影响。这本书写得非常成功，初版在发行的当天售完，第二版也很快销售一空，以后又被翻译成多国文字。接着，达尔文的灵感如同火山一样爆发，笔耕不断，又相继出版了《动物和植物在家养下的变异》《人类起源及性的选择》等创世杰作。虽然达尔文体弱多病，但由于生活安排得很有规律，加上爱妻精心照顾，一直活到73岁，1882年

4月19日溘然长逝。达尔文的一生，是实践的一生，勤奋的一生，从而留下了光辉的业绩。他最重要的品质是酷爱自然科学。他以超人的毅力，注意观察收集那些容易被人忽略的现象。他非常爱惜时间，相同的事情他决不重复做第二次，但却能愉快地接待友人们的来访，经常与他们进行交谈。他的真实冒险经历和优雅谈吐，使访谈者如沐春风。他的朋友众多，托马斯·赫胥黎则经常是他的座上客。由于达尔文的理论所阐明的许多问题直接非难了各种宗教信仰，所以他的观点受到了很多人的无端挑战。然而，当时很有名望的科学家赫胥黎却明确地支持了他。因此，达尔文的思想得到广泛地传播和承认。现代的研究也支持和证实了达尔文的观点，即“生命以最原始的形式开始，并在生存斗争中获得发展和变异，新的形式和种类不断地在创生”。

当达尔文由于他的《物种起源》和《人的遗传》这两部大作而名扬四海时，他在地质学、植物学和动物学方面也同样声名鹊起。他在《关于珊瑚礁，火山岛，地质学观测》这篇论文中提出的珊瑚礁形成的理论，直到今天对有关的研究仍具有重要的指导意义。达尔文还是首先研究海洋食物链中初级环节海洋浮游生物、微型植物和动物的科学家之一。他在蔓足类甲壳动物的专题论文中描述了寄生性海洋甲壳动物，其中包括对成熟期阶段贴附在船壳上的藤湖。达尔文的其他重要出版物还有《地质学和博物学研究杂志》和《“猎犬”号航行中的动物学》等。

漂流瓶的故事

1. 富兰克林用漂流瓶测量海流

本杰明·富兰克林是一个美国人，早在独立战争以前，他在移民侨居地担任邮政总局副局长。1769年的一天，有一群在波士顿开商店的老板们提出抗议，原因是英国的邮船通过大西洋所用的时间要比美国商船多两个多星期。

在同一个大西洋中航行，为什么会有这样的事情呢？富兰克林答应商铺的老板们一定会将此解决的。富兰克林找到了他的表兄摩西·福尔格，一位新英格兰的捕鲸船船长。摩西·福尔格说：

“美国的邮船是沿着墨西哥湾流顺水向东航行的，但在返回时都是避开远航道，不逆流行驶的。”当时，富兰克林怎么也搞不懂英国的船长为什么不乘墨西哥湾流顺水而下，这样既能缩短向东航行的时

富兰克林

间又能在返航时避免逆流航行。

富兰克林请他的表兄摩西·福尔格把墨西哥湾流绘在大洋海图上。又过了几年之后，他把漂流瓶抛进了墨西哥湾流。富兰克林在瓶子里的纸上写着要求发现者告知发现该漂流瓶的时间和地点的信。富兰克林当时所用的这个方法直到现在，科学家们仍然沿用着。

你知道吗

什么是漂流瓶

中世纪，漂流瓶是人们穿越广阔大海进行交流的有限手段之一。

密封在漂流瓶中的纸条往往包含着重要的信息或者衷心的祝福。发现一个可能从未知领域而来的漂流瓶，对于古代水手而言或许是一种惊喜、神秘、偶然、期待……

富兰克林利用拾到漂流瓶的人所寄来的信，在仔细研究了墨西哥湾流的流程后绘制了一幅海流图，并将海流图的复印件寄给了普利茅斯的航海总局。虽然英国人不相信一位美国邮政局局长会比他们更熟悉海流，但是，富兰克林利用漂流瓶给墨西哥湾流绘制的海图，就是到了今天也是无须更改的。

2. 哥伦布与漂流瓶

1493 年 2 月 12 日，哥伦布在首航美洲的返程中，大西洋发生了巨大的风暴，他乘坐的“尼亚”号与“平塔”号失去了联系，帆船像一只玩具在风浪中翻转折腾，或久久地沉入浪谷，或奇迹般出现在峰尖，不断给船员们带来恐惧。

一向勇敢的哥伦布也有些胆战心惊，他不只担心自己的生死，更担心自己的发现被沉入大海。他拿出一张羊皮纸，忍受颠簸写下了已经发现的一切，并留言恳请，要是谁捡到这张纸，就请呈送给西班牙王室。他把羊皮卷放进防水的蜡布，再装进一个坚固的小木桶里，然后郑重地投向大海，让它在大海中随波逐流。

令人惊奇的是，这只漂流木桶，一直在大海中漂流了 359 年，直到 1852 年才被一个美国船长在直布罗陀海峡发现。

第一个使用漂流瓶的人

漂流瓶对我们来说已经不是一种新鲜事物了。人们将自己美好的愿望或祝福写在纸上，然后装在一个密封的瓶子里，扔向大海，让它随着海浪随处漂流。这是人们表达自己愿望的一种方式。

漂流瓶的使用是从什么时候开始的,它又是怎样被流传下来的呢?第一个使用漂流瓶跟踪海流的是一个名叫狄奥弗拉斯塔的希腊人，他认为，地中海中的海流大部分来自大西洋。为了证实这种想法，他想出了用漂流瓶验证海流的想法。他请希腊船长把一个密封的玻璃瓶扔进直布罗陀海峡只有 8 英里宽的狭窄水岬，这里是通向地中海西部的入口处。投放到海中的漂流瓶通过海峡向东漂去，流过了地中海，证明了狄奥弗拉斯塔的观点是正确的。

2000 多年后的今天，漂流瓶的主要用途已不再是验证海流的流向了，而是有了进一步的延伸。如果有一天，在海边漫步的你无意间拾到一个漂流瓶，那种喜悦与兴奋的心情将是无法形容的。

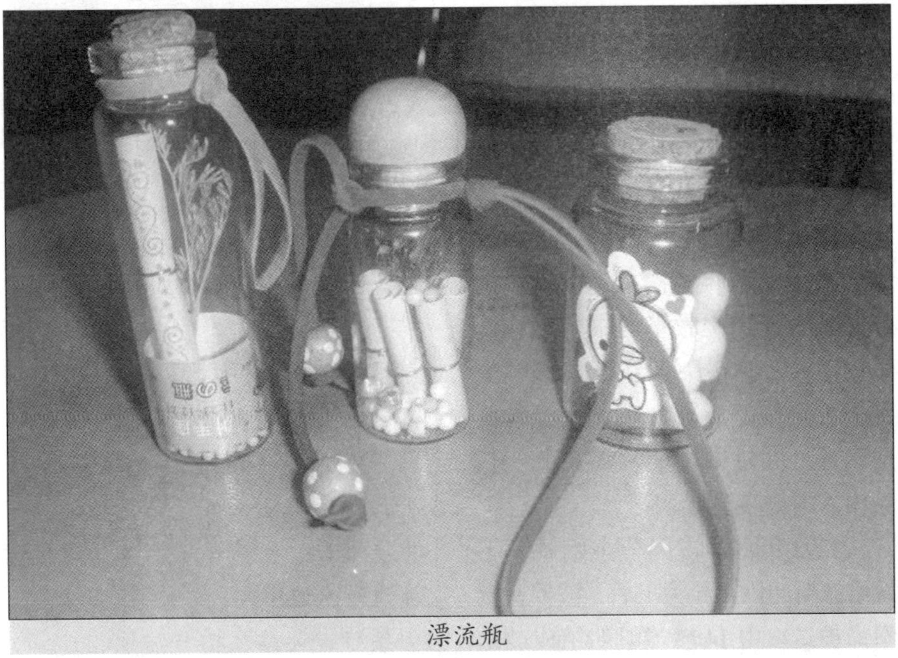

漂流瓶

马可·波罗：带给西方的美梦

1. 马可·波罗的游记

马可·波罗是意大利的旅行家，出身于威尼斯商人家庭，其父亲和叔父是有地位的富商，一向在近东经商。1260 年，他们迁往伏尔加河流域蒙古帝国西部的拔都汗国经商，后又向东方旅行，1265 年到达蒙古旁国夏都——上都（今中国内蒙古自治区多伦县西北），与大汗忽必烈建立了友谊，并被任命为大汗特使，访问罗马教皇。1269 年回到威尼斯，马可·波罗时年 15 岁。1271 年波罗兄弟第二次旅行东方，马可·波罗随同启程。1272 年上半年，经土耳其东部，穿过伊朗北部，进入阿富汗国境，1 年后离开阿富汗。攀登帕米尔高原，进入今中国新疆维吾尔自治区的喀什，走上丝绸之路。1275 年再次抵达上都，向忽必烈大汗递交教皇的书信。在此后的 16 ~ 17 年中留在蒙古国，受到蒙古皇帝的尊敬和重用，经常派他出巡。到过中国的大江南北、长城内外的许多名城。

1292 年，蒙古国公主阔阔真下嫁给波斯的伊儿汗为王后，波罗一家奉命护送。由 14 艘桅帆船组成的出嫁船队，从当时天下第一大港泉州港出发，沿着海上丝绸之路向目的地进发。经过 2 年 2 个月，船队终于到达波斯（今伊朗）呼罗州。马可·波罗完成护送使命之后，又继续西行，于 1295 年的冬天回到了阔别 25 年的故乡威尼斯。此时，故乡亲友以为他们早已不在人世，马可·波罗成了当时的传奇人物。

马可波罗像

你知道吗

威尼斯有多少个岛组成

威尼斯是意大利东北部城市，亚得里亚海威尼斯湾西北岸重要港口。主建于离岸 4 千米的海边浅水滩上，平均水深 1.5 米。由铁路、公路、桥与陆地相连。

由118个小岛组成，并以177条水道、401座桥梁连成一体，以舟相通，有“水上都市”“百岛城”“桥城”之称。

1298年，威尼斯与热那亚发生战争，马可·波罗出资造了1艘战舰，并亲自担任舰长参加战斗。威尼斯舰队大败，马可·波罗被俘，被关押到阴森的监狱。在狱中他对东方20多年的神奇生活很留恋，当时的另一囚犯作家鲁斯蒂恰诺根据他的口述，写成了《马可·波罗游记》，没想到这部书成了世界一大奇书，对沟通东西方文化和以后新航线的开辟均有巨大影响。也是13～14世纪的欧洲人认识东方世界最有价值的书，它整整影响了几代欧洲人对神秘东方的了解。欧洲的探险家枕边几乎都放着这部书。

《马可·波罗游记》对欧洲人的最大诱惑力便是书中将东方描绘成黄金遍地、珠宝成堆的神奇世界。这就刺激了几代航海探险家要探索通向东方世界的航线，成了他们寻找黄金遍地、珠宝成堆的神奇世界的强大动力。哥伦布是受这本书诱惑的第一位探险家。

因此，后来史学家在研究航海历史时，发现许多探险家都受《马可·波罗游记》的影响，尽管这部书在地理知识方面有许多错误，但它给了航海家们一种诱惑力，神秘东方成了欧洲探险家们争先恐后要见到的圣地。而神话般的东方世界，是马可·波罗描绘出来的，因此，他也成了刺激航海事业发展的有功之臣。

《马可·波罗游记》对于探险家的重要堪比《圣经》

2. 是否来华观点各异

《马可·波罗游记》中最大的疑点是“襄阳献炮说”和“扬州总管说”。

马可·波罗在《游记》中写道：蒙古大军攻打军事重镇襄阳城，遭到强烈抵抗，因而久攻不下。马可·波罗便献计说：有一种武器，威力非凡，装置好后，便可向城上守军发射大石。蒙古军采用了他的建议，制造了这种“抛石机”，结果一举拿下了襄阳城。

这件事在中国的《元史》和波斯的《史集》中都有记载，但提议使用这种新式武器的不是马可，而是一位从波斯来的穆斯林亦思马因。

我们到底该相信《元史》和《史集》呢，还是该相信《马可·波罗游记》呢？答案肯定是前者。

又据历史记载，攻襄阳城的时间是1273年，而马可·波罗到达中国的时间是1275年，他怎么可能提前两年向元朝献炮呢？游记的记载显然失实。

马可·波罗在游记中还说，他曾接受大汗的任命，官位是总管，治理扬州三年，此事也不足为信。著名的《马可·波罗游记》注释家亨利·玉耳也说：“扬州居帝国中心，地位重要，而且纯为汉人城市，马可·波罗治此城3年，而不懂汉语，简直是不可能的。”而且，“其时马可·波罗不过23岁，到中国才两年，绝不可能出任这样高位的行政长官”。

另外，扬州为十二省城之一，是元朝的大都会，总管是级别很高的行政长官，任职3年，时间不可谓短，可是，在浩如烟海的元代史料及扬州方志中，却找不到一条有关马可·波罗的记载，这也是不可想象的事情。

元世祖二年规定：“以蒙古人

如梦如幻的扬州

任各路达鲁花赤（最高长官），汉人充总管……永为定制。”这个规定已经非常清楚，扬州总管的重任不可能落在马可·波罗这样一个外来洋人肩上。

除了上述两点之外，人们还怀疑：

（1）马可·波罗在中国17年，大部分时间生活在大都，他却把中国北方丰富多彩的景象，描写成白茫茫的一片，而且对蒙古皇帝的家谱也不甚了解，说得极不准确。

（2）中国极具特色的茶叶和汉字，雄伟壮丽的长城，还有四大发明之一的印刷术，当时欧洲人并不了解，作为一本搜奇志异的旅游书，对此却只字不提，也实在叫人费解。

（3）对中国许多地名，马可·波罗都使用了波斯叫法。

因此，许多人认为，马可·波罗并没有到过中国，仅仅只到过中亚的伊斯兰国家，同许多曾到过中国的波斯商人和土耳其商人有过接触，或是看过波斯人的《导游手册》，等等。就凭借着这些道听途说的资料，他拼凑成了哗众取宠的《马可·波罗游记》。

可是，主张马可来过中国的学者也证据确凿。他们认为：

（1）对于中国的某些城市和建筑，马可·波罗有相当准确而细致的描绘。如元大都的兴建和建筑格局，卢沟桥的建筑工艺，杭州的城市管理和民风民俗等等，如果不是亲见亲历，是绝不可能凭借道听途说写就。

（2）《马可·波罗游记》中记

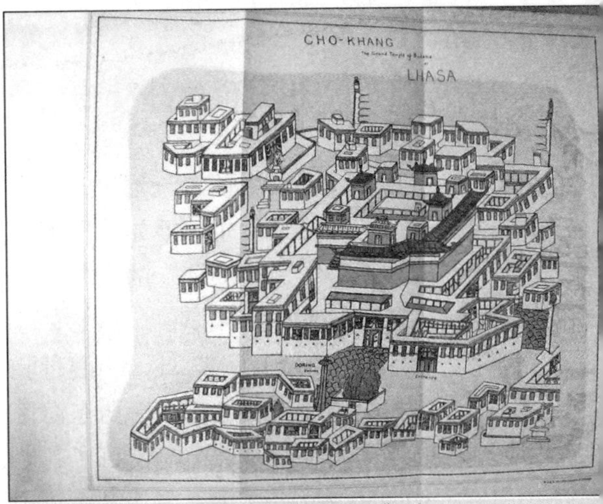

《马可·波罗游记》中的插图

载了至元十九年（1282年）三月发生的刺杀奸臣阿合马事件，如果他当时不是身在京城，他的描写就不可能如此翔实和逼真，而且和史实基本相符。

（3）虽说在史料中找不到马可·波罗来华的直接证据，但《永乐大典·站赤》条中，记载了至元二十七年（1290年）八月尚书阿难答等人上书云：“今年三月奉旨，遣兀鲁䚟、阿必失呵、火者，取道马八儿，往阿鲁浑大王位下，同行一百六十人……”

此事在《元史》和波斯《史集》

中也有记载。

不管哪种说法正确，他完全可以称得上是西方世界探索东方的先行者，是世界上最伟大的旅行家和探险家之一。

“华人鲁滨孙”

说起《鲁滨孙漂流记》，大家一定不会感到陌生，但如果问大家被称为“华人鲁滨孙”的人是谁，你能说出他的名字来吗？

1942 年 11 月 23 日，一艘行驶在大西洋的英国货轮在巴西东海南部被意大利的一艘潜艇击沉了，船上的 30 多名华人水手和十几个英国水手纷纷跳海逃命。在慌乱中，一个名叫潘谦的 24 岁中国青年爬上了一只用木头和油桶扎起来的救生筏，从此开始了他 100 多个日夜的海上漂流。

茫茫大海是无边无际的，潘谦坐在一个 3.3 米长、3.3 米宽的小木筏上，既没有桨也没有橹，只好任小木筏随处漂流。幸运的是，小木筏上还有一点救生的食品和淡水，可以供他使用几天。但是 20 多天之后，潘谦开始感到事情的严重性，因为这么长时间以来，他没有看到过一艘船从这里经过，小木筏上的食物和淡水越来越少，该怎么办呢？

时间一天天过去了，潘谦吃光了船上所有的食物，由于环境所迫，他逐渐掌握了海上生存的本领，他将一张帆布倾斜地搭在木筏上，一来白天遮挡太阳，二来下雨的时候接点雨水饮用。他还利用铁钉和弹簧制作鱼钩，用麻绳做成鱼线用来钓鱼。就这样，潘谦在大西洋上漂流了四个多月，他一直靠坚强的求生信念支持着自己活下去。1943 年 4 月 6 日，他在海上漂流了 133 天之后，终于被经过的一艘巴西渔船救了上来。

当潘谦在巴西登陆之后，他的体重比原来减轻了 13.6 千克，但他仍然能自己行走。在医院里，当医生得知潘谦吃了 80 多天生鱼肉时，特意为他检查了肠胃，结果在他的胃里没有发现虫子，只是肠胃功能有些轻微的紊乱。心理学家坚持说一个与世隔绝 133 天的人，他的精神一定会失常，但当他们为潘谦做完精神检查后，惊叫说“了不起的中国人！”

潘谦不屈不挠的意志和丰富的求生经验，让很多外国人竖起了大拇指，他在给美国海军士兵传授海难自救的本领时说：“在落难时，生存技术是重要的，但更重要的是要有一颗想活下去的心。”

库克船长对英文的贡献

库克船长探险的任务是护送科学家到塔希提岛观察金星凌日的情况，但实际上他们心里明白，这只不过是为航行找一个借口。这次航行的真正目的和具体目标是要发现南方大陆，然后把这块新大陆归并不列颠帝国。看到这里，人们不禁要问，既然是探险航行，那么对英文有什么贡献呢？

原来，库克船长指挥着400吨的“努力”号穿越大西洋，将科学家们送到太平洋的塔希提岛后，在1769年10月来到了一片没有名称的陆地。库克船长绕着这块陆地的沿岸航行了一周之后，发现这块陆地很大，是由两个紧挨在一起的岛屿组成的。这就是地球上有人类居住以来最后一块未知的大陆（现在的大洋洲）。库克船长和他的助手用了6个月的时间绘制了该岛的海图，并将南北岛之间的那条海峡命名为库克海峡。

可爱的小袋鼠

在对陆地进行测量的时候，库克船长看到一种怪兽，形状和颜色都和老鼠一样，只是要比老鼠大一点。奇怪的是，这种怪兽的腹部都有一只袋子，里面竟然装着一只小的怪兽。这个动物引起了库克船长的好奇，它到底是什么？实际上就是袋鼠。可库克船长那时去问当地人“坎格鲁”是什么意思？回答是“不懂”的意思，库克船长以为这种怪兽就叫“坎格鲁”，并把它作为袋鼠的学名带回了英国。现在，当大家从英文字典查出袋鼠这个单词“kangaroo”，就是“坎格鲁”的发音。这也算是库克船长对英文所做的一点儿贡献吧！

库克船长发现袋鼠的这个地方，就是2000年奥运会的所在地——澳大利亚的悉尼。

汤普森与中美洲号

“中美洲”号是美国的一艘新式豪华汽船，它自1853年建成首航以来，曾成功运载价值约5000万美元的加州黄金由巴拿马至纽约市。当时，“中美洲”号的主要用途是运送加州淘金热乘客西去东归。但是，谁也没有想到，就是这样一艘载满黄金的商船却在1857年的一次航行中沉入了大海。

1857年9月8日上午，“中美洲”号从哈瓦那港口起锚，开往目的地。据公开报道，船上载有30吨金条和金币，但实际所载黄金却远远超过这个数目。船上载有将近500名乘客，其中大多数人是从加州归来的采矿者，他们的箱子、手提包和衣服的口袋中都装满了金沙、金块和金币；此外，“中美洲”号还载有美国军部托运的从巴拿马装箱的十多吨黄金。

“中美洲”号在第一天的航行中就遇到了狂风暴雨。船艰难地航行着，到了第二天，一整天的风暴不断增强，天黑后又开始下雨了。船在波涛翻滚的怒海中颠簸摇晃，到了下午，船身与海面形成了危险的角度。船长命令砍断前桅，但此举没起到任何作用。处在绝境中的船长只好命令船上的所有人准备离船。就这样，“中美洲”号载着一船的黄金沉入了数百米的海底。

到了20世纪，“中美洲”号已成为沉船藏宝轶事的传奇，100多年以来，数十批对海底宝藏着迷的探险家们纷纷潜入海底寻找，但大多数都空手而归。

1988年9月，明亮的台灯下，一个名叫托米·汤普森的美国青年，正在废寝忘食地读着一本名叫

《沉睡深海的金船》的纪实探险小说。小说的作者叫金达，他在书中详细地描写了过去许多满载金银财宝的商船沉没海底的画面和地理背景，这无意中激发了汤普森的探宝欲望和梦想。这部书汤普森已经潜心研究了10年，书中的许多地方都标记了只有他自己才能看得懂的记号。汤普森看得非常仔细，哪怕是书中的细微情节，他都用心揣摩，反复推敲，甚至睡梦中都在品味书中字里行间所隐含的寓意，真可以说是到了走火入魔的地步。然而，和那些只会死读书本的书呆子不同，汤普森总是能把书本上的知识和生活实践结合起来。你想，那些沉在成百上千米深海底下的沉船财宝，绝不可能让人轻易得手，深海觅宝又必须有一身过硬的本领才行。于是，汤普森渐渐地悟出了一个道理，那就是要使自己的深海觅宝梦想成真，必须掌握最先进的科学技术。从此以后，汤普森花了10年的时间，自学了许多与深海探险、觅宝和打捞相关的科学技术和工程方面的知识，以执着的“欲求深海探宝，必须科海炼身”的信念，以百折不挠的不屈意志克服种种难关。功夫不负有心人，1989年，汤普森经过对1857年前后的新闻记事和对陈旧的原始航海日志的研究，终于在美国北卡罗来纳州的海

海底沉宝

面上找到了已沉海一个多世纪的“中美洲”号巨轮残骸，并用自制的机器人成功地从2000米深的海底沉船中打捞出总重达21吨的金币。汤普森一夜之间成为全美国家喻户晓的传奇式人物。然而，最令汤普森心驰神往的并不仅仅是沉船上的金币，而是那些深海探险觅宝的技术和方法。汤普森是世界上第一个提出有关“深海探险觅宝”理论的人。汤普森对这一理论的贡献，绝不是一船金银财宝所能比拟的，而是人类开发海洋的无价之宝。

你知道吗

北卡罗来纳州

北卡罗来纳州是美国东南部大西洋沿岸的一个州。最初的13州之一。北接弗吉尼亚州，东滨大西洋，南界南卡罗来纳州和佐治亚州，西邻田纳西州。面积136560平方千米，在50州内列第28位。农村人口占50%以上，为美国农村人口最多的州之一。

不吃海鲜的潜水女王

天天与海打交道的人，很少有人是不吃海鲜的。可是，美国著名的海洋生物学家希尔维亚·厄尔，却被誉为不吃海鲜的潜水女王。她为什么会获得如此美誉呢？她是怎样走上潜水之路的呢？这可要从头说起了。那还是在希尔维亚只有3岁的时候，有一次她和父母亲去海滨度假，她在海滩上一不小心被一个大海浪掀翻在地，她非但没有害怕和生气，反而从此深深地爱上了海洋，并一直保持对大海深处探寻秘密的好奇。随着年龄的增长和知识的增加，她渴望探寻大海秘密的欲望变得越来越强烈。在希尔维亚·厄尔满16岁的时候，她第一次在佛罗里达的威基奇沃河用借来的铜制潜水头盔下潜，从此以后，她就一发不可收地迷上了水中那片迷人的世界，并开始在世界各地的海域进行潜水活动。墨西哥湾、印度洋、巴布亚新几内亚、加勒比海、巴哈马、夏威夷、加利福尼亚海湾、红海、加拉帕戈斯群岛及日本沿海的南开海槽和西太平洋上卡罗莱斯群岛的特鲁克淡湖，这些迷人的海底世界，都留下了希尔维亚·厄尔在海中下潜的矫健、优美的身姿。而且，她不吃海鲜的理由也非常明确，她认为追求金枪鱼和箭鱼等海鲜美味，就好像吃美洲狮头和白头海雕等濒危动物的肉一样残忍，对海洋最大的威胁是人类对海洋的无知及因此所造成的破坏。她的名言“前进，继续下潜”成了深海探险者的座右铭。1979年，希尔维亚·厄尔身穿重达450千克的吉姆潜水服进行深海探险。这让男人自叹不如，而她却是穿吉姆潜水服进行深海科学研究的第一人，而且是第一个单独下潜到380米深海底而不用一根缆绳的人。在此之前，人们穿这种潜水服都是靠一根又粗又长的缆绳才能下沉或浮出海面的。1984年，她还单人驾驶“深海漫游者”号小潜艇到达了前所未有的单人下潜的最深处，即1000米的深度。因此，希尔维亚·厄尔作为下潜到海底最低点的第一位女性，是当之无愧的不吃海鲜的潜水女王。

玩笑成就伟绩——拉诺夫的航海故事

世界上海上探险家很多，但只有拉诺夫探险队完成了穿越南北两极的环球探险。

1972年夏天的一个傍晚，拉诺夫和妻子吉妮正在吃晚饭。她吃着吃着，突然间放下刀叉，出乎意料地对丈夫说：“我们来一个大胆之举吧！”

“什么事？看你那么兴奋？”拉诺夫很有兴趣地问。

“我们应该进行一次穿越南北极的环球航行！”

妻子的话使丈夫惊骇，他虽然是海军上校，从事过挪威冰海探险，可是他从来也不敢去想穿越南北两极的环球航行。

“你是开玩笑吧？”

“不，是当真的，我已思索很久，可以说，是你的宏愿。”

“这可是玩命，你知道吗？全部航程达61985千米，要先后跋涉四大洲、三大洋和十几个海域，这其中的千辛万苦，你想过有多少吗？”

“对，前无古人！要么玩命死去，要么给世界探险史留下最激动人心的一页！”吉妮越说越来劲，一双明亮的眼睛放射着光彩。爱好探险事业的丈夫拉诺夫一把抱住妻子说：“好！我们来一个世界举世无双的行动！”

这对夫妻夸下海口并不是餐桌上的酒后之言。决心既下，夫妻立即开始准备，妻子负责后勤保障，丈夫周密制订计划。他们的方案一出台，就轰动世界，先后有19个国家1800多个组织、公司、个人，向他们提供资金、物资，还赞助一艘1265吨的探险船“基斯泰坦”号。同时来自12个国家的126名探险家也都愿参加。夫妻俩经过挑选，参加探险的包括他们夫妻在内共29

人。经过7年的准备，他们才宣布启程。

1980年1月，拉诺夫夫妇和其他人在南非开普敦港口会合，进行3个多月的适应性锻炼，然后才正式开始探险性航行。他们一进入南极圈，就受到咆哮的巨浪的迎接，浪高达20多米，大家只好用绳子把自己固定在床上。南极的冰水与南极带温水相遇，产生了异常的激流，他们在这片“死亡海域”苦熬了3天3夜。第四天清晨，船忽然平静下来，可是叮咚叮咚的响声却不断在船舷敲响，他们惊奇地松开绳子，跑到甲板上一看，原来是冰块在撞击船体，他们已经驶进了浮冰区。

浮冰大如小屋，造型奇特，他们只能小心地在冰隙中穿行突然，拉诺夫惊呼起来，他们看到了世界罕见的奇观。只见一座座晶莹剔透的冰山，像在废墟上的古堡，呈现出破碎的美丽轮廓，形状千奇百怪，有的像宫殿，有的像冰塔，有的像银色巨舰，有的龙盘虎踞，真是神奇莫测，令人遐想万千。太阳从海面探出头来，柔和的橙红色光芒经过冰山的折射，映出奇异的色彩，与碧波粼粼的海水相互辉映，构成了一幅幅美妙无比的画面。拉诺夫对朋友布尔顿大声地喊着：“魔鬼的眼睛！魔鬼的眼睛！”这是探险家们对海上奇观的爱称。

南极探险

探险船不断前进，他们看到了飞鱼、巨鲸、海豹、企鹅，生命的气息充满了这个冰雪的世界。他们还第一次看到了蓝鲸，它身长30多米，体重约有150吨，不愧是鲸中之王。拉诺夫和布尔顿爬到一座冰山上正在拍照，突然轰隆一声巨响，冰山裂成几块，只见一头逆戟鲸张着血盆大嘴，喷着气，从冰隙中钻出来。原来是这家伙用背脊顶破了冰山。

探险船继续前进，他们见到了南极大陆，大家欢呼雀跃。他们登上陆地，在地上搭起帐篷，倒头就睡。当他们第二天醒来时，那景色又把他们迷住了、惊呆了。黑暗的夜空里，升起一团团殷红的霞光，瞬间又变成紫色，接着又变成蓝色、绿色、黄色、白色……时而长幕垂空，折叠生辉；时而薄如轻纱，光色奇绝；时而流星飞箭，撕裂天穹；时而呈瀑布倒挂，流光溢彩；时而似皇冠玉凤，玉石璀璨……五光十色，那奇妙形体，有如仙境一般。

他们乘一辆小汽车在冰原上爬行，常遇到冰山裂断，真是险象环生啊！为了对付就要来临的严冬，他们在高地上建起宿营地，度过了8个月的漫长的冬天。直到1980年10月28日，拉诺夫的探险队才开始穿越南极的远征。

他们在南极大陆上考察了半年，到1981年4月，探险队才回到船上，开始了横渡太平洋的航程。

探险船要追赶季节，必须在6月到达阿拉斯加，以保证夏季穿越西北航线，如果不能在9月前渡过北冰洋，那么他们就要前功尽弃了。

在太平洋航行途中，风平浪静，充满了诗情画意。拉诺夫和队员们测气象、查洋流、验水质、标海图，忙个不停。他们很多队员都经历了好望角风暴的折腾，因此来到太平洋之后格外轻松。

一天夜里，船员们进入梦乡，探险船进入东经140°、南纬38°的巴斯海峡，骤然间遇到龙卷风，船被抛上高高浪峰，又被狠狠跌入浪谷。拉诺夫从床上摔了下来，大惊之下，他以为船触礁了，便翻身跑向驾驶台。只见天漆黑，狂风夹着暴雨倾泻如注，狂涛拍击船体，传来恐怖的巨响。

船员们乱哄哄地在甲板上忙着加固，突然传来一声惨叫，接着有人呼喊：“恩威斯落水了！”拉诺夫急忙往海里望去，哪里还有恩威斯的踪影！呼喊声好像很远了，拉诺夫木鸡似地站着……

后来，他在探险日记上，有这样一段记载：“从好望角到南极海岸，充满了艰难和惊险，但我们征

北极冰川

服了死神；从悉尼到太平洋西岸，海神却战胜了我们……”

横渡太平洋之后，他们沿着位于北美洲的育空河上游航行（160多千米），然后由陆地抵达加拿大西北部的马更些河。

7月24日，拉诺夫他们离开探险船，换乘汽艇向北极的埃尔斯米尔岛进发。7月的北冰洋，犹如南方早春时节，虽然寒气未消，却已生机盎然。汽艇缓缓驶出波弗特海湾，只见嫩绿的海风铃草和金黄色的北极罂粟花，点缀在四周岛屿的堤岸上，恰似镶上了绿线金边，美丽极了。拉诺夫他们在甲板两边，用长杆拨开迎面漂来的浮冰，为汽艇开道。一驶出海湾，视野豁然开阔，浮冰像是许多碎玻璃铺路似的。过了一会儿，远处海面冰山矗立，恰如冰塔林立，浩瀚无际的北冰洋笼罩着一层凛冽迷蒙的青光。

你知道吗

什么是罂粟花

罂粟花，原名英雄花。象征了十二星座中的天蝎座，原产小亚细亚、印度和伊朗。我国部分地区作为药用植物有少量栽培。罂粟是罂粟科的二年生草本植物。全株粉绿色，叶长椭圆形，抱茎而生；夏季开花，罂粟开的花朵大型而艳丽，有红色、紫色、白色，向上开放。花早落，结球形蒴果实，内有细小而众多种子。其含有吗啡、可卡因等物质，过量食用后易致瘾，但也是一种很有价值的观赏植物。

北冰洋是四大洋中最小的，面积只有 5 个地中海大。罗蒙诺索夫海岭把它分成两个海盆，大部分海面常年结冰，浮冰对探险家们构成了最危险的威胁。这里的浮冰不像南极那样由冰山破碎而成，而是海水本身结冰形成的。冬去夏来，温度升高，阳光、波涛、海潮，又使冰原裂碎成冰块，或如屋盖，或如桌面，像无数跷跷板，互相穿插碰撞，常发出令人心惊肉跳的响声。若气温偏低、夏天很短，浮冰又会互相结为一体，船只被冻住后，就很难逃脱。因此，几百年来，北极的探险家多半总是以失败而告终。拉诺夫探险队之所以选择 7 月，就是要避免这种悲剧的发生。

探险汽艇虽然不时被冰块碰撞袭扰，但一切还算顺利。8 月初，拉诺夫他们已驶进北冰洋中心区域。这时，风浪增强了，航行变得更加危险。汽艇弯弯曲曲地在浮冰缝中穿过，航速明显减小。拉诺夫拿起望远镜向海面观察，他脸上肌肉抽搐，情不自禁地说：“糟糕！”

人们顿时伸长脖子向前看，只见前方海面上，数以千计的大冰块，互相碰撞，发出了天崩地裂的轰隆声，数不清的浮冰像千军万马一样朝小艇铺天盖地而来。拉诺夫看了队员们一眼，他明白，不返航可能要送命，自己该怎么办呢？这时，几个好伙伴的目光给了拉诺夫勇气，他决不能后退！凭着他的丰富经验和勇敢的精神，汽艇继续前进。他们左钻右穿，迂回前行，一次次化险为夷，一次次死里逃生，终于穿过地狱般的冰海，在阿克塞尔·海伯格岛抛锚泊岸，至此他们才惊魂略定，敢合眼入睡。

他们休息几天后，从陆上走了 320 多千米，于 9 月 26 日到达埃尔斯米尔岛北岸，与先期到达的妻子吉妮会合。他们在过去探险家们遗弃的小屋中建立了过冬营地，在北极度过了第二个冬天。

4 个月后，他们乘履带式机动雪车，向北极腹地挺进。3 天后，车被浮冰撞坏。他们只好拖着沉重的雪橇，带着食品和仪器，一边时刻警惕浮冰的袭击，一边寻找冰河作通道。几次折腾，走了近 160 多千米，终于到达平坦的冰原。可是，大家已经累得精疲力竭了。

最后，他们利用一种特制的“双翼雪履”飞机，又前进了 640 多千米。

1982年复活节后的一个星期天，拉诺夫终于穿过冰原，登上了北极峰的冰冠，成为全球首次横贯南北两极的人。

他们站在地球北极顶端，紧紧地拥抱在一起。经历了数不清的生死劫难，终于实现了人生的宏愿。

但在返回的路途中，差点儿又送了命。拉诺夫选择一块平坦的冰原过夜，谁知第二天醒来时，发现脚下的“陆地”出现了许多裂缝，而且开始移动。幸好这块浮冰比较大，那架飞机还能为他们送来一些食物。后来那浮冰又几次破裂，越来越小，飞机再也无法降落和投掷，他们只好在浮冰上听天由命了。

他们在冰块上漂流了99天，后来是分乘两条独木舟才回到探险船上的。1982年8月29日，他们回到了英国伦敦，迎接他们的是鲜花和载歌载舞的人群……

妻子吉妮餐桌上的一个意外提议，终于使丈夫的名字载入了世界探险史的史册。

阿蒙森的探险趣事

18世纪70年代，库克在寻找南部大陆未果后曾下结论说：那里没有存在大陆的任何可能性。但他的话只维持了50年。19世纪20年代初，有人航行到比库克更远的南方，发现了南极的一些岛屿。19世纪30～40年代，陆续有人看到了南极大陆。人们终于渐渐肯定：南极大陆是存在的。罗尔德·阿蒙森就是一位极地探险家，也是第一位走完西北通道的探险家。

阿蒙森是挪威人，是个富有的航运商人的儿子，为了满足母亲要他当医生的要求，他上过医学院。但他从小就对探险发生兴趣，曾熟读了《富兰克林探险记》。21岁那年母亲去世，他就离开医学院，到一艘捕海豹船上当水手。他明白，要想成为海上探险队长，首先要学会航海，要当上船长。

南极点的阿蒙森－斯科特考察站

你知道吗

海豹长什么样子

海豹体粗圆呈纺锤形，体重20～30千克。全身被短毛，背部蓝灰色，腹部乳黄色，带有蓝黑色斑点。头近圆形，眼大而圆，无外耳郭，吻短而宽，上唇触须长而粗硬，呈念珠状。四肢均具5趾，趾间有蹼，形成鳍状肢，具锋利爪。后鳍肢大，向后延伸，尾短小而扁平。毛色随年龄变化：幼兽色深，成兽色浅。

在捕海豹船上工作是非常辛苦的，睡在又暗又闷的底舱吊铺，在风浪中晕船时还要值班，捕海豹时工作则更繁重，但他都挺过来了。后来他又到一艘去北冰洋猎海豹的船上当水手。接着在朋友介绍下，又到一艘远洋轮上工作，他不要工资，只要有饭吃，只要能学驾驶技术就行。不久，他当上了船上的大副。

1896年，24岁的阿蒙森拿到领航员的资格证，上了一艘“比利基卡”号去南极考察，他在这艘船上当领航员。在这次考察中，船长刚好有病，他成了代理船长。返航不久，他就通过了船长资格考试。

阿蒙森想亲自率领一支探险队，但像他这样一位小人物，要得到政府或商界赞助是很困难的。他只好向亲友借钱，再加上自己的积蓄，又从商人那里借了一些钱，才买了一艘47吨的船，经过改装取名为“亚阿”号。

他认为到极地探险，船不能大，人也不能多，前人迟迟未打通西北通道，不外乎三个原因：第一，船太大；第二，人太多；第三，航线偏北。船大了易于陷进冰里和触礁；人多了带的给养就多，行动不便；航线偏北易被冰块包围。因此，阿蒙森用的是小船，而且只挑选了6个水手。

在起航那天又发生了麻烦，几个商人来要债，不还钱，船不能开。这几位商人受别人怂恿，说阿蒙森是骗子，是穷光蛋，人一走，债就落空了。阿蒙森多年的准备计划，眼看要成泡影，他只好趁黑夜时，悄悄地离港起航，一走了之。

1903年6月起航，开始航线跟富兰克林差不多，沿格陵兰西北岸北上，穿过兰开斯特海峡后往西走一段，转头向南到威廉岛的北端。9月严冬到来时，他们进入威廉岛东南一个平静小港，决定在这里过冬。后来这个地方就叫亚阿港。

在这里阿蒙森跟爱斯基摩人交上了朋友。当时爱斯基摩人没有铁器，一切生产工具还是骨制，男女都穿兽皮。他们看到阿蒙森船上刀、枪都是铁器很新奇。爱斯基摩女人看到针和小刀能缝制衣服，更是赞叹不已。可是，这一来，爱斯基摩人的首领，要把这个族里的人都迁到这个小港岸边来，人越来越多，阿蒙森有点害怕了，他们队员只有6个人，要是一旦发生冲突，他们必定要死在这里。怎么办呢？走了也不行，留下又害怕。他想了很久，终于想出了一计：要吓唬一下爱斯基摩人，使这些落后的人群能信服他是个法术无边的人。

晚上他跟队员们在离船很远的岸上造了一间冰屋，屋里埋上用电力控制爆炸的地雷，电线埋在地下，直通到船上。

第二天，他把200多个爱斯基摩人请到船上和岸边来，领着他们参观，大吹特吹队员们个个都是呼风唤雨的神兵天将，要爱斯基摩人尊重他们，不要有坏念头，不然就要受到惩罚。他站在驾驶台上故意大声说：只要我的手往那座冰屋上一指，冰屋立即就会粉身碎骨。

爱斯基摩人有些怀疑，他就装模作样地把手中的剑一指，大喊一声：炸！船舱里的队员听到这个信号，立即按下电钮，轰隆一声，火光冲天，冰屋炸飞到天上了。这一恶作剧，果然吓得爱斯基摩人都以为这6个白人就是法术无边的“天

爱斯基摩人的冰屋

外来客”。

阿蒙森在这里学会了爱斯基摩人的语言，还用欺骗方式跟他们交换兽皮：一只空罐头盒，就换来两套白鹿皮做的女装。就在友好的相处气氛中，队员们测量地磁、收集标本、观天测温，顺利地度过了冬天。

春天来了，队员们开始航行，可是这年天太冷，冰没有完全融化，接着冬天又来临了，他们只好又在这里过第二个冬天。

1905年8月13日，“亚阿”号离开了亚阿港，沿美洲大陆北部海岸线向西驶去，途中有数不清的大大小小岛屿、狭窄的海峡、暗礁和浅滩。约半个月，前方出现广阔的海洋，而且看到海面上有船。

阿蒙森异常高兴，挥动两臂惊呼：“我们终于走通了！”一艘捕鲸船向他们驶来。船长告诉阿蒙森，前面冰已化尽，不会有危险了。

阿蒙森指挥“亚阿”号加快航速，想抢先穿过白令海峡。可是走了不久，又遇上了浮冰，最后船被冰堵住，不能动弹，他们只好又在冰上度过第三个冬天。

阿蒙森心里很焦急，他想把找到西北通道的消息早点告诉人们。当时电报发明不久，他跟另外几个人，到几百千米外的阿拉加斯加州的育空堡去发电报。他们冒着严寒，乘雪橇日夜兼程，一个月后才到育空堡，一看无法发电报，只好改道又赶到300千米外的西堤镇发出了电报。等收到国内回信已经是5个月以后了。1906年夏天，冰化了，便于8月1日西行，一个月后才看见白令海峡美洲最突出的大陆一角——威尔士角。当天穿过白令海峡，很快回到挪威。

从卡波特到阿蒙森，寻找西北通道总共花了400年时间，人们终于走完了西北通道航线。

当历经艰辛的“约阿”号到达美国旧金山时，受到了各界人士的隆重欢迎。阿蒙森这位开辟西北航道的传奇航海英雄，为了偿还债务在美国各大城市进行巡回演讲，然后回国。

阿蒙森顺利走完西北航道后，准备到北极探险，没想到美国人皮尔里比他早了一步，先到达了北极点。既然不能第一位到达北极点，那就第一位到达南极点吧。

1910年8月9日，阿蒙森乘“费拉姆”号探险船从挪威起航，途中获悉英国海军军官斯科特组织的南极探险队早在两个月前出发了。这对阿蒙森来说是一个挑战，他决心夺取首登南极点的桂冠。经过4个多月的艰难航行后，“费拉姆”号穿过南极圈，于1911年1月4日到达攀登南极点的基地鲸湾。

又经过10个月的充分准备后，1911年10月19日，阿蒙森和四个伙伴乘坐52条爱斯基摩狗拉的雪橇出发了。前半部分路程，他们乘狗拉雪橇和滑雪板前进，后半部分路程主要爬坡越岭。由于事先准备充分，天公作美，他们以每天30千米的速度前进。12月8日，他们开始向南极点冲刺。当经过3年前英国探险家沙克尔顿经过的南纬88° 23′时，阿蒙森和队友们非常兴奋，这个由英国人保持的纪录很快要由挪威人改写了。

12月14日，是阿蒙森终生难忘的日子，因为在这一天，他成为抵达南极点的第一人。同伴们欢呼拥抱，把一面挪威国旗插在南极点上，并设立了一个名为“极点之家”的营地。他们在此进行了24小时太阳观测，测算南极点的精确位置，并垒起一堆石头插上雪橇作为标记，还在边上搭起一顶帐篷。

你知道吗

什么是雪橇

雪橇起源于瑞士山地，后逐渐在欧洲、北美和亚洲等国家流行。雪橇最初为木制，后发展成用金属制作。1884年，英国举行首次雪橇公开赛。1924年，被列为首届冬奥会比赛项目，分有舵

狗拉雪橇

雪橇和无舵雪橇两种类型。

阿蒙森相信斯科特也会到达南极点。他在帐篷里留下了分别写给挪威国王和斯科特的两封信，用意在于万一自己在归途中遇到不幸，斯科特可以向挪威国王报告他们胜利到达南极点的喜讯。没想到，次年1月18日到达南极点的斯科特，由于所乘的西伯利亚小马全部冻死，体力透支的斯科特和队员们在归途中相继倒下了，8个月后一支搜寻队发现了他们的遗体。

停留3天后，阿蒙森告别南极点开始返程，并顺利回到了鲸湾基地。这次伟大的南极点之行，轰动了整个世界，人们为他所取得的成就欢呼喝彩。

单身环球航行的老人

65岁的弗朗西斯·奇切斯特，独自驾驶一艘16米长的游艇，从英格兰海岸出发，南下大西洋，横渡印度洋，仅在澳大利亚停靠了一次，就直穿太平洋，一口气驶回英格兰，用了266天的时间航行了近48000千米，创造了当时小艇环球旅行的世界纪录，英国女王为此授予他爵士称号。

奇切斯特年轻时，曾试图环球飞行，但未能如愿，后来他爱上了航海。还曾经夺得一次横渡南大西洋的锦标，这又唤起了他环球旅行的愿望。

1966年8月的一天，海浪拍打着英格兰海岸。奇切斯特告别了妻儿，登上了他的“舞毒蛾”号游艇，在欢送出航的炮声中，开始了多年梦寐以求的环球旅行。

航行一开始就碰上了大风，大海翻滚咆哮着，仿佛要向这位倔强老人示威似的。风卷起的海浪狠狠地撞击着船头，敲击着甲板。“舞毒蛾”号像一片小小的树叶，在咆哮的大海中颠簸着，挣扎着。奇切斯特昏昏沉沉地躺在船上，一动也不想动。第五天，风小了，大海开始安静下来，老人检查了一下游艇，发现自控航海装置出了毛病。游艇老是偏航，不得不时时校正它。这样一来，不要说保持航速，就连晚上睡觉也不敢太大意了。他妻子送给他的那个祝愿他好运气的小玩具熊也被风浪颠翻了，这仿佛是在劝他回头。然而，倔强的老人并未屈服，他的小艇依旧毫无畏惧地撞碎了一座座浪山，闯过一道道波谷，顽强地向前行驶。

9月17日，奇切斯特换了件新上衣，穿上了笔挺的新裤子，开了一瓶烧酒，在茫茫大海中的一叶孤舟上度过了自己的65岁生日。就在这天半夜，一场突如其来的风暴把他惊醒。大海发狂似地吐着白沫，游艇几乎是横着在海面上行驶着。浪花溅湿了船帆，老人刚站起来，就被晃倒了，腿也受了伤。风暴过去后，天气变得异常酷热，游艇的甲板被晒得滚烫滚烫，老人和陆地的无线电联系又突然中断了，情况非常恶劣。一天，老人忽然嗅到一股恶臭，一检查，原来是船上带的鸡蛋坏了。老人只好捏着鼻子把它们全抛进海里。不久，船上的淡水又出现了危机，正当老人为此焦虑时，一阵又一阵的暴雨又把老人搞得狼狈不堪。困难一个跟着一个向老人袭来，常常使他应接不暇。但是最困难的还是在“咆哮的南纬40°”的航行。

老人于10月中旬到达南纬40°附近的海域，开始横渡印度洋的航行。一个个像小山一样的巨浪向“舞毒蛾”号涌来，狂风在不时地变换着方向。有些浪头看起来足有12米高。这些浪头以一种吓人的力量摔在驾驶楼上，小艇几乎不是在海面上行驶，而是在骇浪里钻行。更糟的是游艇在风浪中变得更不听话了，就是落下所有的帆，它也总是打横，稍一疏忽，它就可能自己掉过头去。11月15日，那台自控航海装置完全坏了，而游艇所在的位置距澳大利亚还有1600多千米。万般无奈，老人不得不自己搞了个简易的装置，对付着用。几天后，与陆地的无线电联系恢复了，老人与旅途中的妻子通了话，他的妻子正要赶到澳大利亚的悉尼去迎接他。

12月12日，“舞毒蛾”号到达了悉尼。老人受到自己的家属、悉尼游艇俱乐部和一些澳大利亚居民的热烈欢迎。老人用了不到107天的时间航行了22500千米，而他的体重减轻了18千克。当地居民十分钦佩老人的这段经历，盛情款待了他，并告诉他前面的航行会更困难、更危险，劝他就此作罢。可是这位倔强的老人为了创造新的纪录，实现自己环球旅行的愿望，仍抓紧时间修整船具，补充给养，请人修好艇上的自控航海装置。12月29日，“舞毒蛾”号又划开重重波涛，向东驶去。

出发后的第二天夜里，老人又遇上了风暴。四周是一片漆黑，看不见一点星光，大海像开了锅似的沸腾起来，浪涛几乎把小艇翻了过来。被甩下来的餐具和瓶子，重重地砸在奇切斯特的头上、身上。壁橱和抽屉里的东西也全被掀了出来，食物、六分仪、垫子和衣服搅成了一堆,散落在地板上。黄油也翻倒了，和着灌进来的海水流得到处都是。老人一点也不觉得可怕，反倒觉得新鲜。他擦干了溅在电台上的水，跟妻子通了话,又检查了一下游艇，发现只是驾驶楼受了点轻微的损坏，就又回到舱里,坦然地钻进了睡袋，进入了梦乡。

1967 年 3 月 19 日，“舞毒蛾”号驶近了好望角。早晨五点钟左右，灰蒙蒙的海面显得格外清凉，似乎一切都很平静。于是老人就大胆地调整了航向,准备挨着好望角行驶。就在他下去吃早餐的时候，一个巨浪打进了驾驶台，接着又一个巨浪砸在船头上。航向已偏转了。老人急忙跑上驾驶台，只见里面成了一片水塘，连立足之地都没有了。老人只得站在驾驶座上，调整游艇的航向。这时风越来越猛,浪越来越高。奇切斯特紧紧地把住舵轮，游艇终于在离好望角 11 千米的地方驶了过去。岸上陡峭的绝壁和水下时隐时现的礁石都看得清清楚楚。这时，老人感到一阵阵恶心,他又晕船了。他在日记中写道：“我处于狂怒的风暴中……好望角让我知道了：如果它要干什么的话，它是干得出来的。”

“舞毒蛾”号把南美洲远远地抛在身后，老人此时觉得似乎到了家门口了，其实还有 12800 千米的航程等着他呢。4 月 24 日，他又一次穿过赤道。炎热的天气像要把他烤化似的，老人只好提起一桶桶海水从头冲到脚。孤独的海上生活打乱了老人的作息规律，他常常饿了就吃，困了就睡，这样来消磨时光。

1967 年 5 月 28 日，透过朦胧的海雾，老人终于看到了英格兰海岸。前来迎接奇切斯特和他的游艇的有几十艘帆船。在帆船的簇拥下“舞毒蛾”号驶进了港口。整个港口像过节一样热闹，欢迎的人群汇成了汹涌的浪潮。奇切斯特老人一踏上陆地，觉得脚下的陆地似乎不像出发时那么平稳了。他使劲跺了跺脚,挺了挺腰板,迈着稳健的步子，在人群簇拥下向前走去。

天体导航环球航行者

克里姆斯是美国新泽西州皮特曼一所大学的地理学教授，教海洋地理学近 30 年。他最感兴趣的是天

天体导航设备

体导航。

克里姆斯年轻时当过水手，曾亲眼见过不少遇难者因迷失航向而葬身鱼腹。他在研究航海史时发现，古代的波利尼西亚人、腓尼基人、北海海盗远洋航行时，并没有导航仪器，只根据天象或海面的迹象来判断航向，可惜这些经验有不少失传了。克里姆斯潜心研究这些资料之后，得出结论：不用导航仪器完全有可能估计出船舶在海面上的位置，正确地判断航向。他产生了一个大胆的想法：不带任何导航仪器，进行一次环球航行探险，以证明他研究的成果是正确的。

他把这一想法告诉了一些朋友，有的佩服他的勇气，有的说他找死，没有必要。但一些海员却非常支持他，觉得很有价值：尽管航海仪器发展很快，有了卫星定位导航，也有无线电导航，但在特殊遇难情况下，这些科学仪器毁于一旦时，原始的天体导航对海上遇难的人们，也是一种求生存的本领。

为了实现自己的愿望，他开始了行动，利用节假日时间，进行短途的海上航行。曾 8 次横渡大西洋，其中有 3 次没有使用导航仪器。他专门到加拿大购买一艘长 10.8 米、宽 3.4 米的钢壳游艇，装有柴油发动机，配了一套可依风向而自动调节的帆具。船的造型也别致，船舷到船底的曲线近似半圆形。这样，船不仅经得起风浪的撞击，而且不易翻转。克里姆斯教授把此船命名为“球星”号。

一切准备就绪，他又请来两位有航海经验的朋友一起作环球航行。起点选择在南非的开普敦，计划先向澳大利亚行驶，继而向东绕过南美洲的合恩角再回到开普敦，全部航程为3万千米。

克里姆斯的妻子坚持要丈夫带好各种航海仪器，以备危险时使用，否则不让丈夫进行这次冒险。克里姆斯无奈，只好把一些导航仪器搬上了“球星”号。

大学的同行教授们，还要求在“球星”号上装一架设有接收设备的自动发射机，能每隔一段时间自动地定向发射信号，信号经卫星转播后，能被美国史密斯学院的研究人员接收。他们根据信号可以得知“球星”号航行的确切路线，以及“球星”号所处海域的海况。这样，他们还可以进行比较，观察实际路线与计划的路线误差的大小。万一“球星”号遇难，也可以及时营救。

1983年5月29日，克里姆斯开始了这次特殊的环球航行。刚出发就遇到从南极刮来的寒风，风很大，每小时达112千米。小艇在9米高的巨浪中颠簸前进。更糟的是雨雪交加，使克里姆斯无法根据天象来判断方向，大海给了他一个下马威。克里姆斯感觉到，船实际位置与他原先计划的航线相差几百千米。当天气转晴后，克里姆斯进行了纠正，使“球星”号朝正确方向行驶。

从开普敦到澳大利亚有8700千米，“球星”号航行77天，其中一半时间是在跟风浪搏斗中度过的。在驶近澳大利亚时，又遇到狂风，“球星”号失去控制，多次被巨浪吞没。后来“球星”号又撞到岩壁，船身出现裂缝。克里姆斯只好在奥尔巴尼稍事休整，对船进行修复，再继续航行。

当“球星”号再次东航时，一位伙伴忽然得了重病，他们不得不在悉尼港再次停泊。但克里姆斯明白，时间不能再等了，因为下一个目标——合恩角附近海面是世界著名的危险地带。那里风大浪高，经常乌云密布，必须在12月中旬赶到那里，才可能避免最恶劣天气。克里姆斯把病人留下，重新请了一位老水手，在新西兰北端一个港口补足给养，朝南美洲的合恩角驶去。

太平洋似乎被克里姆斯的意志所感动，从新西兰到合恩角的航程

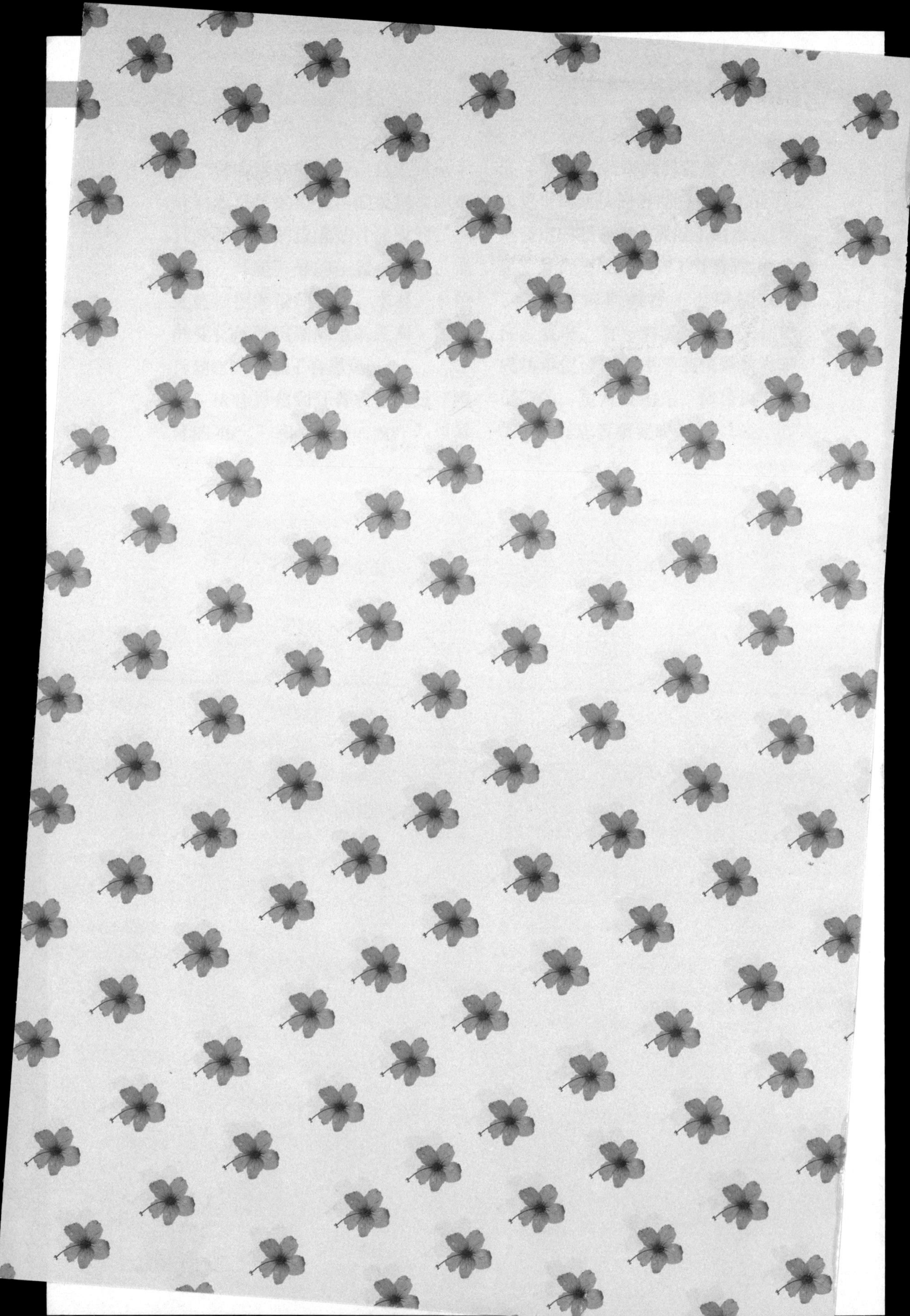

中，出人意料的平静。克里姆斯十分熟悉星星的位置，能根据太阳、月亮及星星的位置估计出时间，推算出“球星”号的位置。而且，他还能根据海浪的大小、水温、水色的变化估计出离陆地的距离。他按计划时间赶到了合恩角。

从合恩角到开普敦要经过“咆哮的40°”和“狂怒的50°”风暴区，由于南极寒风的袭击，有好几次克里姆斯认为再也回不到大陆了。但坚定的毅力终于战胜了困难，“球星”号奇迹般地回到了开普敦。

克里姆斯教授一上岸就收到许多贺电。有一封贺电说：“你的成功不仅证明不用导航仪器航海是可能的，更重要的是，你告诉了人们——有志者事竟成。”